(No Model.)

N. TESLA.
ALTERNATING MOTOR.

No. 555,190. Patented Feb. 25, 1896.

Fig. 1

Fig. 2

Witnesses:
Raphaël Netter
Robt. F. Gaylord

Inventor
Nikola Tesla

by
Duncan, Curtis & Page
Attorneys.

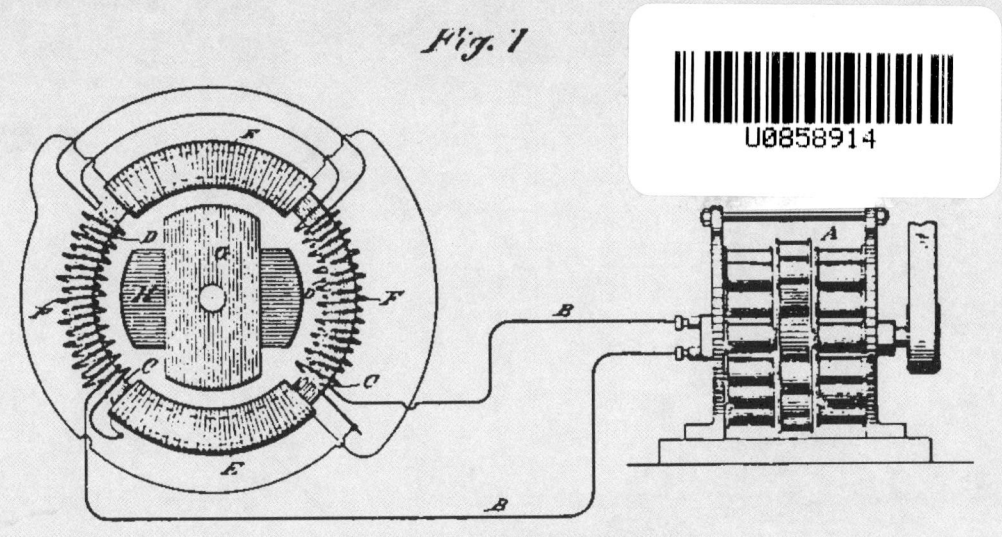

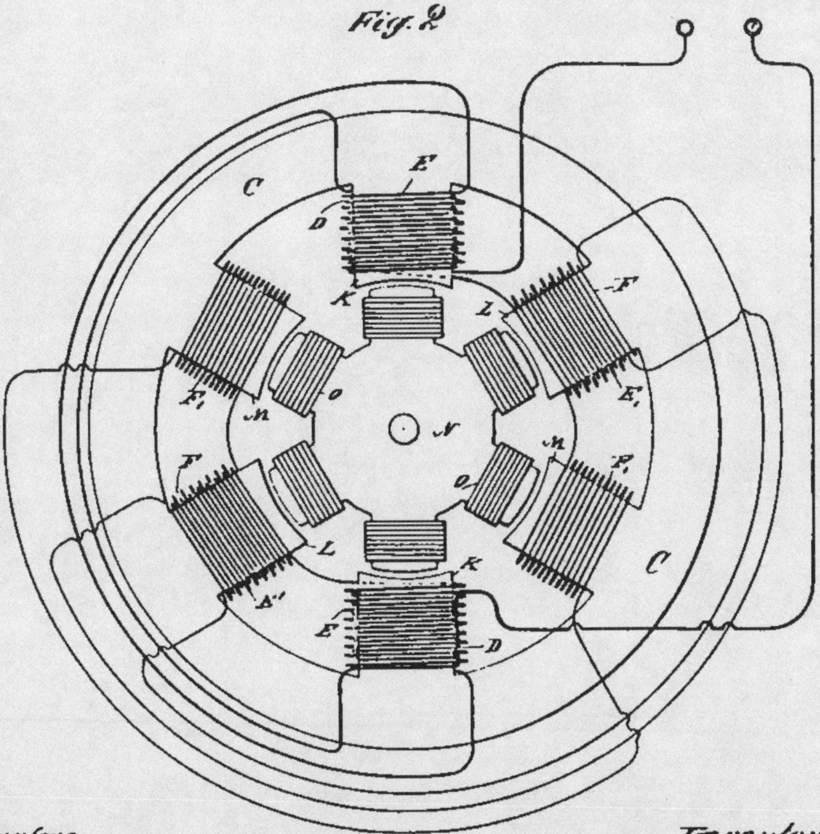

这张由《世纪杂志》(Century Magazine)摄影师阿利(Dickenson Alley)拍摄的多次曝光照片显示,特斯拉在他位于科罗拉多州斯普林斯的实验室里用他巨大的"放大发射机"产生了22英尺(约6.7米)长的闪电。(图片来源:Wellcome Library, London)

用创新引领世界

约翰·F·瓦西克 著

戴吾三 戴晓宁 译

上海科技教育出版社

内容提要

创新不仅深刻地改变着我们的生存状态,也让这个世界日益成为由创新者引领的世界。被誉为"创新之王"的尼古拉·特斯拉正是这样一位创新者。

改变世界的发明使特斯拉成为他那个时代的名人,而着眼于未来又使他超越所处的时代,成为人类文明的永恒之光。特斯拉对于未来能源、科学及世界和平共存的先见之明和创想,使他远超于"发明家"的称号。特斯拉的思想和发明仍在深刻地影响着人类的现在和未来。

在《用创新引领世界》一书中,作者约翰·F·瓦西克不仅关注特斯拉如何做出发明,他还向读者指明如何依靠自己挖掘同样的创造源。为了帮助读者理解和吸收消化特斯拉的理念——以及他是如何具有的——瓦西克提出了"特斯拉式的行为":读者可以通过具体的方法增强并重新启动自己的创造程序,以达到一个更高的思维水平。

瓦西克考察了特斯拉的整个遗产,包括他从系统集成到无人机战争等各方面的深远影响。瓦西克也回顾了特斯拉与爱迪生、摩根和马克·吐温等巨人的关系,并解释了如何通过诸如清洁能源、机器人、交流电以及电力和信息的无线传输等全球性技术发展来实现他的数百项创意,此外还探讨了为什么政府和商界领袖想要关闭特斯拉大胆的实验。

瓦西克向读者介绍了当代的杰出人物——包括谷歌的

拉里·佩奇和特斯拉汽车公司的埃隆·马斯克,他们都受到特斯拉的许多伟大创意的启发。

献给

阿瑟·斯坦利·瓦西克(Arthur Stanley Wasik)

目录

序 / 1

引言：为什么"创新之王"特斯拉仍然吸引我们 / 5

第一章　胡佛的监视：大发明家之死 / 14
　　　　特斯拉式的行为1　自省 / 31

第二章　俘获电火：特斯拉的创造力继承 / 34
　　　　特斯拉式的行为2　永远保持好奇 / 51

第三章　灵光闪现：特斯拉的心理探秘 / 54
　　　　特斯拉式的行为3　尝试可视化 / 71

第四章　从布拉格到匹兹堡：漂泊的电气工程师 / 74
　　　　特斯拉式的行为4　胸怀壮志 / 96

第五章　电之奇才：特斯拉的光秀 / 100
　　　　特斯拉式的行为5　推销你的创意 / 121

第六章　天地的能量：特斯拉的无线世界系统 / 124
　　　　特斯拉式的行为6　从更高的角度看问题 / 141

第七章　风云可测：沃登克里弗塔倒塌 / 144
　　　　特斯拉式的行为7　有韧性 / 159

第八章　四季皆宜的人：适应动荡的新世纪 / 162
　　　　特斯拉式的行为8　重新定位自己 / 186

第九章　侦探故事：寻找难以捉摸的死亡射线 / 190
　　　　特斯拉式的行为9　与他人产生心灵共振 / 210

第十章　永恒的特斯拉：发明家的21世纪遗产 / 214
　　　　特斯拉式的行为10　学会整合 / 236

结语：挥之不去的空气 / 239

参考文献和缩略语 / 245

引用来源 / 249

致谢 / 261

图片来源 / 265

序

我们的故事要从雷雨闪电说起。闪电——就像天空中伸展开的藤蔓枝杈,蕴藏着极大能量——触及大地具有摧毁之力;而若捕获储存并善加利用,就能给千百座城市带来光明。这是尼古拉·特斯拉(Nikola Tesla)的故事开始的一幕:1856年7月10日那个电闪雷鸣的午夜,在奥匈帝国军事前沿的斯米连村(Smiljan,今属克罗地亚),特斯拉降生。

我住在美国中西部近60年了,只要见到大雷雨,就会觉得和这种天体能量有奇妙的联系。我小时候看到雷雨很害怕,母亲温柔地告诉我,闪光和隆隆声"是天使在打保龄球",母亲的真情托词使我不再恐惧,反而急切地想了解更多的知识。闪电是怎么聚集的?它怎么能救助人类,却又是危险的源头?天使是什么模样啊?谁在把保龄球摆整齐?

第二次世界大战临近结束时,我父亲在华盛顿的海军部研究电子器件,他的任务是阻止希特勒(Hitler)的V-2火箭计划。还在我小时候,父亲就带我接触各式各样跟电子、电磁学有关的东西。我从鼓捣一架矿石收音机开始,慢慢接触到复杂的扩音器、范德格拉夫起电机,还有苹果公司最早尝试推出的便携式电脑——苹果IIC。

在我印象里,父亲的工作间里堆满了爱迪生式的蜡筒留声机,这个发明代表了19世纪70年代的最高科技水平,直到20世纪50年代末和60年代初仍在一些场合使用。父亲在大萧条时期长大,一直保留着这些东西,他觉得留声

特斯拉惊人遗产的威力召唤。1983年,美国佛罗里达州卡纳维拉尔角肯尼迪航天中心,"挑战者"号航天飞机发射前几小时,一场雷电交加的暴风雨创造出一幅奇异的闪电挂毯。

机里的马达和滑轮以后还会派上其他用场。这种留声机的构造相当简单,但用起来没有任何问题。

我小时候在父亲的工作间打杂,会用配套元件组装一些电子装置,也会帮父亲把电容、电阻、灯泡和磁铁等东西归整到对应的罐子里。我对工作间的每一件东西,包括几百样工具都如数家珍。我最终攒够了钱买下一把焊枪,这比我的自行车或棒球手套宝贵多了。

当我长大后,在家里地下室的楼梯下搞了个自己的"实验室"。那时在冷战时期,我坚信用一个儿童化学实验箱加上藏在地下室的各种电子器件就能搞出一套遨游太空的方法。我那时的偶像都是像爱因斯坦(Albert Einstein)、爱迪生(Thomas Edison)、格伦(John Glenn)这样的人。记得有一次制作飞行器,我假想正漂浮在太空舱外做太空漫步,突然一块木头松动了,我一下栽倒在地,头上撕开一条一英寸①长的口子。我眼前直冒金星,却没有半点宇宙方程式的灵感闪现。

我发明过一些简单的电子装置,鼓捣过静电起电机,甚至设计制作了一个我叫作"萤火虫"的模型,它可以引领消防员直奔森林起火点去灭火。我见过大火烧毁的西部山林,想到那些野火我就害怕。我把设计图纸寄给国家林业局,希望我的发明可以像富兰克林炉子一样普惠大众。我没指望拿什么专利费,想不到的是,国家林业局审核了我的发明,回信予以婉拒。从那以后,我对发明的热情便转到了生物物理学:探索生命世界与影响人类的全球能源之间的关系。

知识的雷雨使我更贴近特斯拉的生活和他的遗产,也包括我想要学习理解电磁学、全球通信、物理学、生命能量、宇宙射线,以及气候变化的欲望。虽然我过了好多年才真正被特斯拉的故事所吸引,而一旦意识到,特斯拉就像是一剂能消除当代世界积弊和人类生存困境的良药。特斯拉或许没有提出所有的解决方案,但他确实指出了问题所在。

在这本书中,我想通过特斯拉的生活和他的遗产对创新进行探索。特斯拉的理念和发明深刻地影响了人类的当下和未来。毫无疑问,世界各地一直不乏研究者对这位大发明家的创见和研究有着浓厚的兴趣。在本书中,我希望能为读者展示特斯拉的创新历程,从中汲取一套实用的分析方法,以帮助我们探索解决大小不同的问题。作为现代工业时代运行体系的创始人,集创新和颠覆于一身的特斯拉值得我们关注。我期望从史学的角

---

① 1英寸约为2.54厘米。——译者

度引领读者走进特斯拉的世界,探寻他的理念来源,看他如何实施创新;同时也希望读者能激发出自己内心的创新活力。

在本书中,我也会向读者介绍几位现代的杰出人物,是他们大手笔的投资实现了特斯拉的许多宏伟构想。这些人敢作敢为,是实干家、开创者、追梦人、艺术家。他们很像特斯拉,富有洞见,致力于为未来创造充满活力的新事物。

除此之外,我也会回顾特斯拉和其他名人的关系,如爱迪生、威斯汀豪斯(George Westinghouse)、爱因斯坦、J·P·摩根(J. P. Morgan)、马克·吐温(Mark Twain)、奥森·威尔斯(Orson Welles)、J·埃德加·胡佛(J. Edgar Hoover)等。我会着重讲述特斯拉和芝加哥电业巨头英萨尔(Samuel Insull)的故事,两人的经历十分相似,都登上事业顶峰,最后却负债累累,英萨尔始终坚定地支持特斯拉,他们保持了40多年的友谊。

对我来说,追寻特斯拉的足迹,从塞尔维亚的贝尔格莱德到美国的芝加哥、费城、落基山脉和纽约,是一个奇妙之旅。最终,这也是对特斯拉精神和创造核心的发现之旅。驯服电能的特斯拉至今幽魂不散,当人类在这个蔚蓝色的星球,在充满动荡的年代,忙于为生存和繁衍争斗时,他告诫我们,很需要停一停脚步。

引言
为什么"创新之王"特斯拉仍然吸引我们

我研究特斯拉有十几年了，起因是一封短信和一个多重的谜团。那是2005年，我在芝加哥洛约拉大学的卡达希图书馆档案室为我即将完成的书稿做最后的研究。在翻阅了数千页文献后，我偶然看到特斯拉于1935年写的一纸短信，他在信中向一个落魄的产业界巨头借钱。我瞬间过电，如获至宝，因为藏于此处的这封信，很可能70多年无人知晓。我从未见**什么地方**引用过，而且这封信的来源也不确定。但有一件事很清楚：对我而言，这封信是如同"罗塞塔石碑"①般的重要线索，可以帮助我探知一个尚未发现的全新世界。

当我离开那座紧靠密歇根湖而建、融合了现代艺术装饰风格的新哥特式图书馆时，整个人都是欣喜若狂的状态。要知道，离密歇根湖南边只有几千米，就是1893年芝加哥世博会（也称哥伦布纪念博览会）会址。在那次博览会上，特斯拉代表西屋电气公司成功展示了他的交流电（AC）系统。而我正在撰写的书稿描述了当时的电业巨头英萨尔，是他率先采用特斯拉的交流电技术建立了现代电网。19世纪80年代中期，英萨尔与特斯拉在爱迪生的纽约办

---

① 罗塞塔石碑（Rosetta Stone），制作于公元前196年，刻有古埃及国王托勒密五世登基的诏书。石碑上用古希腊文、古埃及象形文和当时的通俗体文刻了同样的内容，这使得近代的考古学家可以对照三种语言版本的内容，解读出已失传千余年的古埃及象形文的意义和结构。——译者

1922年保罗（Frank R. Paul）为《科学与发明》（*Science and Invention*）杂志绘制的插图，描绘了特斯拉关于未来的壮观想象，其中有无线传输电能的发射塔，用于海空防御，可怕地预示了现代无人机器战争的出现。

公室初次相遇，那时爱迪生正在曼哈顿下城的珍珠街建立他的第一个中央发电站。当时，英萨尔刚开始担任爱迪生的私人秘书，后来他负责掌管爱迪生通用电气公司。19世纪90年代初，在摩根公司接手爱迪生手下混乱无章的制造业务并对其公司进行合并后，英萨尔迁往芝加哥，在那里建立了他的电力帝国，最终占有了全国三分之一的业务。后来部分业务被爱克斯龙（Exelon）电力公司收购，运营至今。

我所发现的特斯拉写给英萨尔的信，日期是1935年3月18日，那时两个人的经历就像历史潮流中的漂浮物一样。英萨尔被大萧条击垮，失去了属下所有公司的管理权，当时成为美

电业巨头英萨尔（摄于1920年），他是特斯拉交流电技术的早期支持者。

国历史上最严重的商业破产的一部分，相当于2008年金融危机雷曼兄弟的崩塌。英萨尔在土耳其被捕，引渡回美国，因诈骗罪三次受审，最后被无罪释放。英萨尔没有巧取他人财产，反倒是丧失了个人的一切。

1935年，英萨尔曾试图重振旗鼓，尽管他已经穷得叮当响，这时离他身无分文地客死巴黎地铁也就三年时间。那时，包括美国总统富兰克林·德拉诺·罗斯福（Franklin Delano Roosevelt）在内的很多人都对英萨尔恨之入骨，他们持有的英萨尔旗下多家公司的股票都在大萧条时期变得一文不值。而特斯拉却对英萨尔怀有善心，我在洛约拉大学发现的那封信可以佐证。英萨尔依靠特斯拉的交流电技术，建立起电力帝国的大半壁江山，他违抗老东家爱迪生的旨意，而爱迪生是历史上被人铭记的天才发明家和美国英雄。不可否认，正是英萨尔利用特斯拉的理念（另外也有西屋电气、通用电气和其他电力先驱企业的推动）创建起互联的电力系统并以此大获其利。这一系统后来又构建成大电网，复杂的网络可以让人们在世界上只要靠近工业区的地方就能用上电。

特斯拉强劲的创造力

特斯拉最吸引我(这些年也有许多其他人)的是他永不停歇的创造力。他总是沉浸在设计、修改和想象之中,新发明的图像在他大脑中像焰火一样喷涌。特斯拉最大的理念就是引导天地间源源不竭的能量,利用机械力和电力做出更好的发明。特斯拉一生创意不断,我从看到1935年特斯拉写给英萨尔的那封信开始,就想探寻他晚年的人生方向,看他还期望做些什么,也想弄清楚他对今天的我们为何重要。

对特斯拉来说,创新不仅仅意味着发明,更在于打造一个利用大自然力量来改变世界的**系统**。特斯拉不仅发明了交流电动机,设计了可以发电和传输电流到任何地方的电网,还发明了机器人技术和远程控制技术,这为日后的自动化生产埋下了种子,人们可以在地球的另一端遥控操作,而且(理想情况下)也能让战争减少流血。特斯拉的冒险传奇和众多发明激励了无数的发明家、艺术家以及企业家,典型的有特斯拉汽车公司和太空探索技术公司(SpaceX)的首席执行官埃隆·马斯克(Elon Musk)、谷歌的合伙创始人兼字母表公司的首席执行官拉里·佩奇(Larry Page)。

我会在本书后面的章节讨论特斯拉的"世界系统",这是他一生最大胆的创想:在全球范围提供几乎免费的无线传输电能。特斯拉的创想远远超越了电灯、电动机和留声机的发明,他是一位超级创造者,要创造甚至不可能造出的机器——让人们可以利用天地间源源不竭的能量。

改变世界的发明使特斯拉成为他那

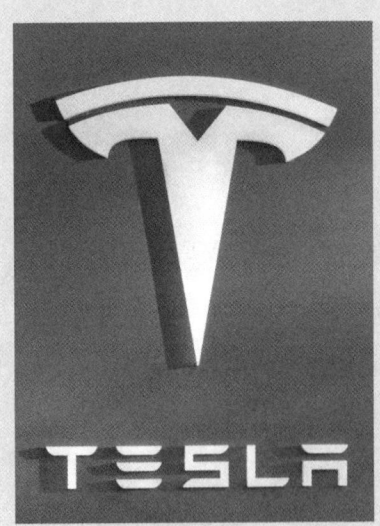

特斯拉电动车的标志,以纪念塞尔维亚发明家和预言家特斯拉,他激励了当代主流技术的范式转型。

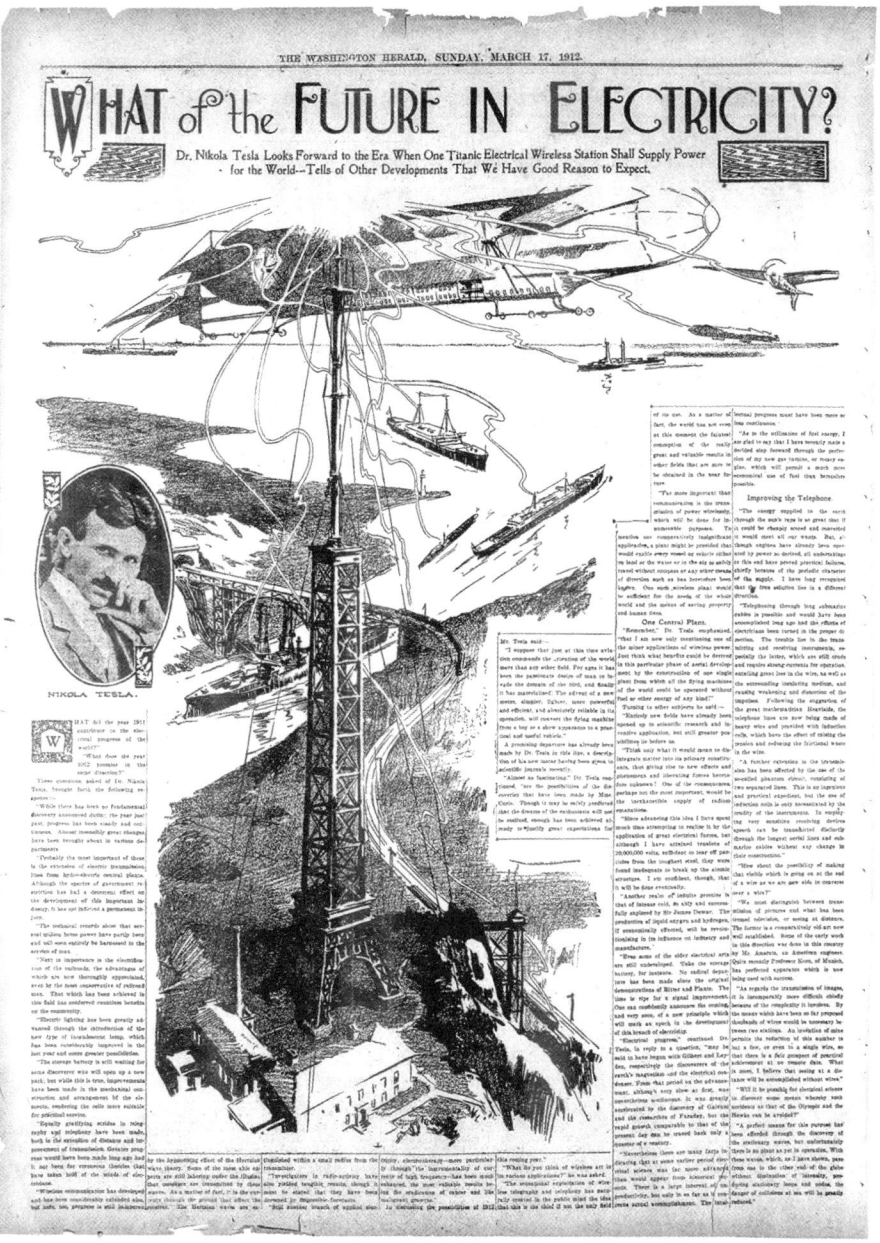

1912年3月17日《华盛顿先驱报》(*Washington Herald*)发表的文章,描述了特斯拉创想的未来世界,到那时将由无线传输电能把人们互相联结起来,并统一给予保护。

个时代的名人,而专注于未来又使特斯拉超越了他的时代,在去世70年后,他依然是永恒的人类文明之光。置身当代,特斯拉就是神级摇滚明星,是亿万富翁、赛博朋克、艺术家以及在地下室和车库鼓捣发明的"创客"的偶像。世界各地的搜索引擎设计师、能源大王、音乐家和创新者都感受到特斯拉的影响,他就是我们发明界的列奥纳多·达·芬奇(Leonardo da Vinci)和莎士比亚(Shakespeare)。

今天,一个世界级的汽车品牌,一支摇滚乐队,及一个磁测量单位都以特斯拉的名字命名。在科幻小说或恐怖电影里,凡有疯狂科学家出现的场景,多半都会看到特斯拉线圈,它起电时就像一个不断变化的电子蜘蛛网。特斯拉掌控振荡的能量、仪器、仪表、闪电和无人机。特斯拉是守护神和神秘主义者,是发现者和被误解的企业家,也是大胆的预言家,特斯拉在他的时代没有被认可,但在当今时代却备受尊敬。

对当代一些特斯拉的追随者来说,特斯拉从未真正死去,而是幻化成某类科技神秘大神。特斯拉的前瞻视野以及他对能量、科学和世界和平共存共荣的未来擘画都使他超越了"发明家"的狭义身份。的确,特斯拉的同时代人中鲜有与之匹敌者。一些新时代人坚信特斯拉曾与外星人对话(或他自己就是外星人),而阴谋论者则认为特斯拉设想的"死亡射线"(一种可以瞬间摧毁飞机的毁灭性武器),一直在由美国五角大楼研发并保持秘密近70年。特斯拉去世后,他的发明也因为各种自然灾害而受到责难,从西伯利亚森林大火到卡特琳娜飓风都能扯上联系。

今天,很难找到比"特斯拉"更有力、更吸引人的标志性人物了。随着时间推移,特斯拉同时代人的记叙渐渐被埋没,而他的声望却不断升高。特斯拉的成就甚至盖过了他当年的死对头——爱迪生。爱迪生曾拼力推广他的直流电系统,却最终败给了特斯拉。正是特斯拉,奠定了20世纪和21世纪交流电系统的基础。

特斯拉好比古代神话中的客迈拉(chimera),那个拥有狮首、羊身和蛇尾的神兽。在希腊神话中,客迈拉被骑着飞马的勇士柏勒罗丰(Bellero-phon)所杀,而后者不久从坐骑上摔落。用这个比喻来说明,成为客迈拉的过程就是把不同的人类创造力融于一体的过程。我认为特斯拉的一生如同**客迈拉之变**,经历了重重试炼,特斯拉把自己从一个为爱迪生的早期工程做调试工作的电气工程师,转变成了梦想解决宇宙清洁能源和缔造世界和平的系统化的思想者。

希腊神话中的神兽客迈拉,可将之看作特斯拉的多种创意方式整合的体现。

作为一个极具破坏性的创新者,特斯拉给时代发展定下了基调。从根基上整合特斯拉的创意并与现代技术结合,或许能为当今社会许多紧迫的难题带来突破。在特斯拉去世 70 多年后,要呈现这位旷世天才的基础性研究引起的新图景,现在可以说是最好的时候,他的前瞻视野对人类文明的未来提供了新的引导,他的惊人创想一直影响着改变世界的创新。要从整体上考察特斯拉留下的遗产,现在也是最好的时候。

特斯拉式的行为

在我追寻特斯拉创造之魂的旅途中,我访查了多家档案馆,参加了多个会议,到贝尔格莱德参观了特斯拉博物馆并拜访了馆长,也跟世界各地的特斯拉追随者进行了深入交流。

特斯拉的触须到处伸展,我会为读者讲述他的思想如何影响了各行各业,包括通信、机器人、电力系统,甚至宇宙飞行。不过请记住,本书不是一部全面的个人传记,也不是为特斯拉研究所作的技术分析,这些内容已见于其他作品(见书末的参考文献)。本书旨在通过特斯拉的奋斗历程和留下的伟大遗产来讲述他的创新精神。

为了帮助读者理解和消化特斯拉的形象思维过程,我会在每章的结尾以"特斯拉式的行为"为题进行小结。希望读者可以借此提升或重启自己的创造思维过程,以使思维水平升级。不管你是在设计宇宙飞船,还是在尝试解决日常生活中的难题,都希望你可以从书中获得实用和有启示的创意。

第一章
胡佛的监视：
大发明家之死

> 到这个世纪末，人们将使用如衣服口袋大小的简便设备即时通信……地震会愈发频繁。温带气候会趋向严寒或变得炙热……一些令人畏惧的研发已距我们不太远。
>
> ——特斯拉，1926年
> （在70岁生日新闻发布会上的致辞）

章首图
特斯拉最后的家：富丽堂皇、具有地标意义的纽约客酒店，1930年。

1943年1月9日,一直在监视纽约客酒店的特工涌进一个凌乱的房间,老迈的特斯拉居住在这里。就在一天前,酒店女服务员发现了这位86岁的科学家僵硬的尸体。

纽约客酒店装备了先进的技术,甚至有自己的发电设备。当时特工们可能正在酒店的某个角落里打牌,或许在看报纸。这些特工来自外国资产管理局(Office of Alien Property, OAP),这是一个战时建立的隐秘机构,专门检查和监视在美有嫌疑的外国人。这天他们接到命令:**取走他的所有资料和发明模型**。

特工们可能觉得奇怪,上面为什么要下令对一个老发明家的最后住所进行突袭式搜查。毕竟,特斯拉晚年已试着与美国政府**合作**,为军方研发武器。虽然特斯拉生于巴尔干半岛,与现在纳粹占领的欧洲家乡有一些亲属联系,但他很早就入了美国籍。很难说特斯拉是信仰共产主义还是法西斯主义,事实上,他的政治倾向更接近爱国和平主义。在人生最后的30年,特斯拉的理念集中在使国家免于战火,即使他的发明看上去会引起新时代的机器人战争。

在特斯拉研究"世界系统"(见第六章、第七章)的资金来源被切断后,他便开始走下坡路了。在此之前,特斯拉发明的交流电系统为世界带来活力。他研究过无线电广播、无线传输电能、机器人以及几十项小型装备的基础技术,试验过X射线和射电望远镜,并设计了将尼亚加拉瀑布的水动能转化为电能的发电站,这些电能可传输数百英里①远。的确,特斯拉是第二次工业革命驱动力量的幕后天才。

时任美国联邦调查局(FBI)局长的埃德加·胡佛一向多疑,在战时更是处处谨慎。在监视特斯拉的最后几年里,胡佛已经发现这位发明家与在美国的法西斯分子(他们是特斯拉的朋友,曾公开支持过希特勒)有联系,要是特斯拉发明的武器真的用上,而德国特工掌握了他的计划怎么办?胡佛可不想出什么乱子,特别是当时纳粹在火箭研究方面领先于美国。因而,无论

---

① 1英里约为1.6千米。——译者

1940年的美国联邦调查局局长胡佛。

特斯拉发明了什么，胡佛都不能让它们被敌人获得。

特斯拉对3这个数字痴迷。在摩登高耸的纽约客酒店，他特意选了房号为"3327"的房间作为晚年的居所。3本身也是个重要数字，能被3整除的数字（如27，甚至3327）都**特别**神秘——它们符合某种柏拉图的理念，象征着数学中的三位一体。但在特工们看来，特斯拉不过是一个古怪的老人，他们并不在意房间号码所谓的神秘属性，只是冷静地执行任务罢了。在搜查过程中，特工们想必会被那些乱撒的鸽食搞得分神，鸽子是特斯拉生命最后历程中的真正同伴，鸽食是对这些小精灵的款待。鸽子飞来飞去，却不知发明家的秘密所在。按照特斯拉传记作家塞费尔（Marc Seifer）的说法，"特斯拉只有小部分文件放在这个狭小的酒店房间，还有80个大箱子存放在曼哈顿的一个仓库里。租金一直由特斯拉的外甥科萨诺维奇（Sava Kosanovich）支付，此人曾任南斯拉夫驻美大使"。

专门负责扣留在美欧洲人财产的外国资产管理局，对从特斯拉住处搜查来的几百本笔记进行详细检查已有10年之久。一旦发现有任何间谍网与特斯拉联系的证据，正如胡佛所担心的那样，政府便可以悄悄地处理掉。

特斯拉的笔记里到底有些什么？晚年的特斯拉因宣告称为"死亡射线"的发明引起关注，在84岁生日庆典上，特斯拉向到场追捧的记者大致介绍了这项新发明，称它是送给这个惊恐的世界的可以保卫和平的礼物。

就在去世3年前，特斯拉告诉《纽约时报》（New York Times）的记者说，"死亡光束完全基于物理学原理而设计，以前从未有人梦想过。"特斯拉没有过多提到细节，但他信心满满地表示，用200万美元就可建一个给"死亡射线"武器提供能源的站点。在全国范围内战略部署几十个这样的站点，国家

第一章 胡佛的监视　17

3327

The Nikola Tesla Room

The great inventor Nikola Tesla occupied this room from 1933 to 1943
He invented the system of AC electrical power that is used throughout the world today,
including the generator, motor and method of transmission.
He also holds the patent for wireless communication.
Perhaps his most famous project is the electrical powerplant at Niagara Falls, NY.

在特斯拉度过余生的酒店房间门上，装饰着这块纪念匾。

纪念匾文字：

3327
尼古拉·特斯拉的房间
1933—1943年，大发明家尼古拉·特斯拉在此居住
他发明了今天在全世界广泛应用的交流电系统，
该系统包括发电机、电动机和传输电力的方法。
他还发明了用于无线通信的基站。
他最著名的工程，或许是位于纽约州的尼亚加拉瀑布水力发电站。

就可以有效防护外来攻击。尽管他这么说，却没有人见过他的研究模型。

在死亡射线之后，特斯拉又提出了远程动力学（Telegeodynamics），其宏大的计划是将能量通过地球传送到世界上任一地点，甚至可以"像切苹果一样把地球劈开"。如果这项技术是可行的，那希特勒能否利用这项技术造成地震或是海啸，以击败同盟国并进攻北美呢？

胡佛等人几乎可以确定，特斯拉已写好了计划——包括笔记、示意图和

详图。与达·芬奇不同,特斯拉并非出于纯粹的好奇心或美学鉴赏去研究自然界与能量之间的关系,而是为了明确的目的来探索激活宇宙能量流的天地环境。

数十位专家在对特斯拉的死亡射线概念做了几十年研究后,倾向于认为特斯拉的大部分创想其实都在他的大脑里。对高能武器能找到一些图示和说明,但没有人确切知晓这种武器系统究竟如何运行。如果特斯拉留有描述这个操作系统的笔记,显然也缺少像达·芬奇笔记中那样的精致图画,而更多是从领先时代的科学和技术角度采用了公式和电子图表。

20世纪30年代,特斯拉每年的生日庆典都为媒体所关注,特斯拉会在这种场合夸耀自己的新创意。特斯拉的思维从不停歇,他很少睡觉,即便躺下,也只睡很少的几个小时。特斯拉不像爱迪生那样一次只思考一项发明,

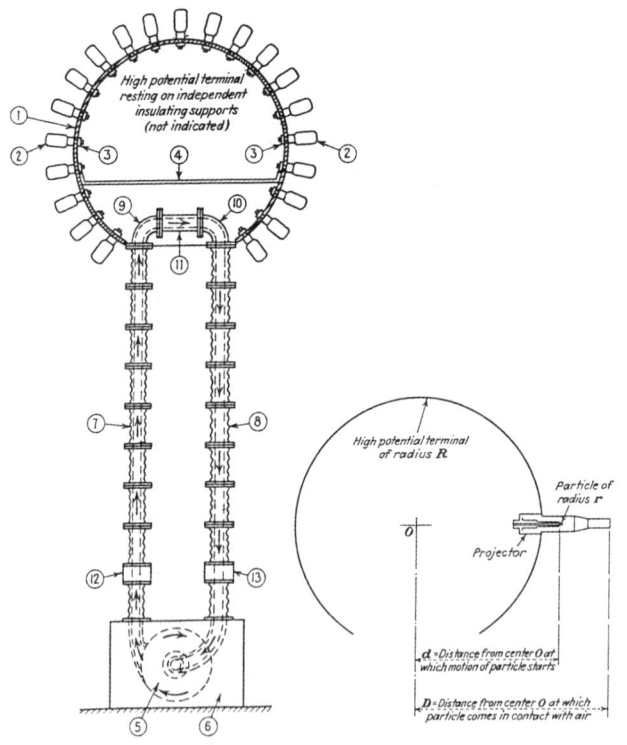

特斯拉用作粒子束"超级武器"的高压静电发生器示意图,1937年。

他对推销新式的留声机或照明灯具不感兴趣。特斯拉想要的是用一个整体系统在全球范围传送能量和信息——这个理念足以破坏纽约金融巨头所支持的一切。

外国资产管理局的特工有条不紊地取走特斯拉的笔记,尽管有充分的证据表明特斯拉的怪癖最终击垮了他自己。特斯拉是一个坚持每周都要买一条新领带的人(总是只花一美元),他曾经因为钟表的嘀嗒声而备受折磨,每次吃饭前都要求在他左手边放好24张餐巾纸。因为厌恶珍珠,特斯拉从不与佩戴珍珠饰物的女性一起用餐。撇开这些怪癖不谈,华盛顿的首脑确信特斯拉掌握着为超强武器提供能量的知识——这种能量装置令人难以置信,能把数百英里外的空中敌机击落。

特斯拉有精神疾病吗?

在特斯拉令人惊叹的创造力中是否有精神疾病因素起作用呢?在研究特斯拉时,稍微对照一下《精神障碍诊断与统计手册》(*Diagnostic and Statistical Manual of Mental Disorders*, DSM),便可以轻松诊断出一系列的精神疾病。对特斯拉的精神状态作出表面的判断似乎很容易,他患有躁郁症还是强迫症,抑或其他病症?

特斯拉像个疯子一样工作,间或有些精神衰弱。他极度厌恶珍珠,也从不与别人握手。对他来说3及3的倍数非常重要。按照传记作家卡尔森(W. Bernard Carlson)的说法,特斯拉的这些执念是从失去他那才华横溢的亲爱的哥哥后慢慢形成的。哥哥戴恩(Dane)在12岁那年不幸从马上坠落身亡,当时特斯拉只有7岁。戴恩被认为是极有天赋的孩子,本来是要追随父亲从事神职。

> 特斯拉努力追求完美试图赢回父母之爱……无法取悦父亲的特斯拉"变得消沉"……如今或许被称为困扰……[那]无疑干扰了他与其他人的关系。

1916年,特斯拉在纽约西40街8号整洁的办公室里勤奋工作。那时发明家已显露出强迫症的迹象,尤其是在晚年,但并无大碍。

正如特斯拉自己的回忆:

"在我的记忆中,戴恩实在太出色了,这让我的每次努力都相形失色。我所做的那些让人称道的事,只会加重我父母的丧子之痛。所以,我成长的过程中一直是缺乏自信的。"

很清楚,哥哥的死对于特斯拉是一个重要的转折点,这直接影响了他的余生,也激发了特斯拉内在的完美主义倾向,这表现在他的各种执念中。戴恩,作为家中最受宠的长子,帅气、聪敏、智力早熟——很难仿效。

特斯拉也承认，他经历了极端情绪，这从他还是个小孩时就开始了：

我的情绪会在两个极端之间波浪般起伏和摇摆不定。我的愿望耗费了许多精力，又像九头蛇的头一样愈发增加……

特斯拉在1896年的一次媒体采访中说，高度创造性的个体与躁郁症抗争其实没有什么不寻常的。当时记者问他有关躁郁症发作频率的问题，他回答道："每个具有艺术气质的人都有过高度激情带来的情绪跌宕，浮起来又沉下去。"

尽管特斯拉有着独特的执念、完美主义倾向、情感的高峰和低谷，但他一直能够以极高效的状态从事研究，每次从精神崩溃中恢复过来后，特斯拉的创造力都会达到一个新的高度。

为了对特斯拉的精神世界有深入了解，我们有必要结合具体情况讨论特斯拉的那些"怪癖"。他的创见并没有引发任何精神病的行为，也没有什么声音命令他做不便启齿的事。事实上，绝大多数患精神病的人都没有伤害性，他们也没有特殊的创造力，尽管这两者在我们的文化中总是被联系在一起。

塞尔维亚临床心理学家巴伊奇（Milena Tatic Bajich）博士是大特斯拉社群的一员，她在芝加哥建立了一个特斯拉俱乐部。她认为特斯拉可能更符合强迫型人格障碍的特征。"强迫症会对人的正常生活造成影响，"巴伊奇博士告诉我说，"特斯拉确实有一些怪癖，但我们对他不要太苛刻了。强迫症通常急性发作，但它性质上是慢性的。强迫型人格障碍可以反映一个人的性格：固执、追求完美、微观上的管理者。"换句话说，强迫症是一种急性表现形式，会扰乱一个人的正常生活，而强迫型人格障碍所说的主导性格特征不一定就是机能失调。不过，与心理学领域的所有定义一样，这两者的界限通常是模糊的。

患有强迫症的人囿于怪圈中。他们无法像世界上大多数人一样正常生活,因为他们被自我重复的行为所束缚。无疑,特斯拉是一个能把自己累死的工作狂,当其他人远离他时,他仍然坚持着天马行空的想法。特斯拉顽固而执着,能够长时间疯狂工作,睡得很少甚至不睡觉,可以同时从形象思维和数学意义上去构想一部机器。但正如巴伊奇博士所言,这并不是一个强迫症患者的表现。特斯拉古怪吗?当然。他精神失常吗?并非如此。事实上,特斯拉对自己的怪癖和执迷的反思表明了一种超凡的自我意识,这进一步证明了他的清醒和自我控制能力。

特斯拉看特斯拉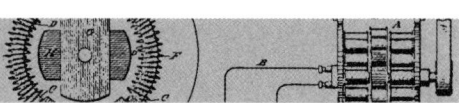

特斯拉在他1919年写的自传《我的发明》(My Inventions)中,详细披露了个人心理和童年经历以及它们对他成长的影响。特斯拉也记录了他对父母的若干观察。特斯拉回忆道,他父亲"有自言自语的怪癖,经常变换着音调进行生动的对话,并迷上热烈的争论"。

在特斯拉的哥哥去世后,他回忆发生了一些非常怪异的事情且互有关联,这引起了他强烈的不安:

> "在那段时间里,我养成了许多奇怪的好恶和习惯,其中一些可以归因于外来的影响,而另外一些却说不清楚。我对女性的耳环有一种强烈的厌恶,但其他饰品,比如手镯,因设计的式样,我或多或少都喜欢。看到一颗珍珠几乎会让我晕过去,但对闪光的水晶或那些有锐边或平面的物件我却很着迷。除非被左轮手枪指着,不然我绝不会触碰别人的头发。而我只要看一眼桃子,就会感觉发烧。如果家里有一块樟脑放在什么地方,它立马会让我非常不舒服。即使到今天,对这些心烦意乱的刺激物,我依然有些敏感。"

如同一个有通感的人听到音乐会不由地将不同颜色或气味和各种音符联系在一起,特斯拉有融合知觉体验的能力,这成为他整体知觉体验中重要的组成部分。例如,他背诵诗歌时脑海里会浮现相应的图像。即使某些批评者错误地将他的天赋归为缺陷(这本身就是一个有争议的标签),然而,特斯拉能够充分利用他的天赋,当处理复杂的电磁世界时,这种独有的特质就是一种明显的优势。

特斯拉小时候,有机会进入父亲米卢廷(Milutin)的私人图书馆,为此他受到惩罚。米卢廷是一位虔诚的塞尔维亚东正教牧师,看见小特斯拉进去读书,就会抓住他,怕他损伤视力。然而,惩罚没起到作用。小特斯拉对知识有着极大的兴趣,并且渴望完成他开始的一切:

> "我对要完成我想做的任何事情都有着名副其实的狂热,这经常让我陷入困境。有一次我开始阅读伏尔泰(Voltaire)的作品,那时我已经上学,令我沮丧的是,这套书是100卷小字印刷的大部头。"

也许是希望平息他的那份狂热,并决心从他死去的哥哥的巨大阴影中走出来,特斯拉偶然迸发灵感创作了一部小说,描写了一个克服了放荡和享乐的年轻人,通过决然的意志力和坚定的目标,不断提升自己直到成为民族英雄。这个故事引导特斯拉走向一种苦修式的生活方式并形成明确的指导思想,正如特斯拉出了名的不知疲倦的工作态度和严格的自律所体现的那样:

> "有一次,我偶然发现了一部名为《阿巴飞》(Abafi)(阿巴的儿子)的小说,是著名的匈牙利作家约希卡(Josika)的塞尔维亚语译著。不知为何,这本书唤醒了我休眠的意志力,使我开始练习自我控制。"

> 虽然特斯拉自我控制的强烈意念导致了某些强迫式的行为，并影响了他与别人的关系，但这一特质也成为他成功的关键因素之一。20世纪60年代末和70年代初，斯坦福心理学教授米舍尔（Walter Mischel）进行了一项著名的研究，在这项研究中，儿童可以选择立即获得小奖励（如一颗棉花糖）或15分钟后获得大的奖励（如两颗棉花糖），研究人员跟进参与者多年后评估他们的生活状态，发现那些等待的或推迟获得满足感的人，比那些很快吃上棉花糖的人有更好的生活状态。这项研究表明，自我控制与成就之间存在明确的相关性。正如特斯拉所说："为了更好地工作……我们必须适度节制，控制我们在各方面的欲望和喜好。"
>
> 除了高度的自律和好奇之外，年轻时的特斯拉还很害羞。他与家猫马查克（Macak）建立了亲密的关系，这似乎也预示了特斯拉晚年时对聚集在布莱恩特公园的鸽子的不同寻常的温柔。

揭开神秘面纱

我发掘特斯拉人生精髓的第二部分，要从FBI查收和追踪丢失的文件说起。在我发现特斯拉于1935年写给英萨尔的那封信之后，我就坚信他的故事远没有这么简单。像我之前的许多人一样，我通过基于《信息自由法案》的申请，寻求更多FBI的信息记录，并在2009年从这个秘密机构收到了大量信件、剪报和笔记。其中许多文件都被篡改过，里面的某些名字甚至被政府官员以国家安全为由给涂黑覆盖了。

为什么政府会在特斯拉的文件被查收70年后，依然刻意掩盖相关人员的身份？当然，这里面有许多所谓的阴谋论：政府想掩盖特斯拉被谋杀的事实；特斯拉确实有发明强有力杀伤性武器的计划；胡佛发现特斯拉拥有一些有价值的东西，在一个政府的仓库销毁了它们，从未被人发现；当时FBI特工的名字被抹掉了，因为他们正在从事其他更可疑的间谍活动。毕竟，胡佛经

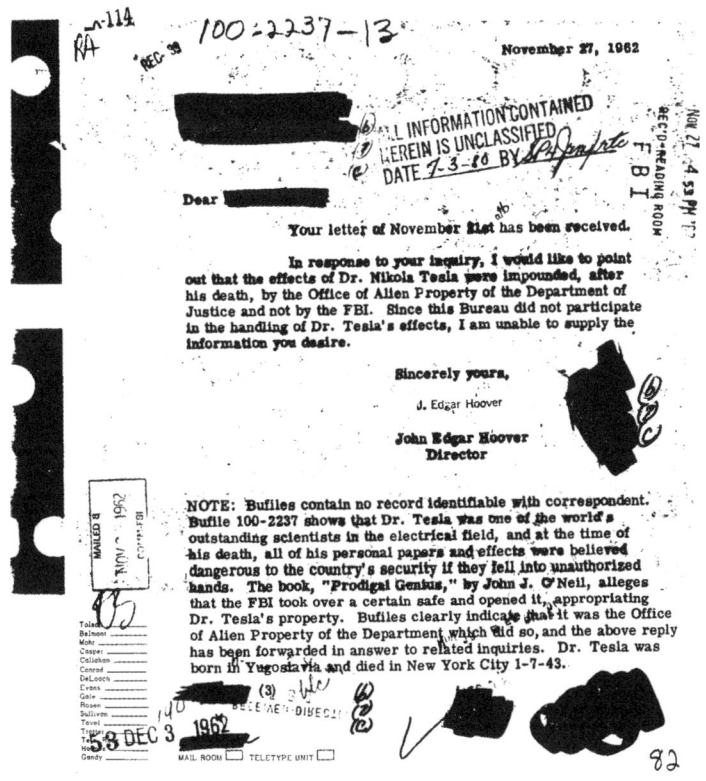

在1962年这封被严重涂改的信中,胡佛声称不知道任何特斯拉遗失的论文或发明物的下落。

常暗中监视**总统和副总统**,主要是为了胁迫他们为他的反共活动开路。

在冷战时期,特斯拉的文件受到了更多的关注。胡佛竭力不让这些文件落入苏联特工之手,但这些特工很可能已弄到了它们。从1943年至今,每个对FBI的文件访问请求都会得到相同的答复:本机构没有这些文件,而且他们也不会说出这些文件被转送去了政府的哪个仓库。

我毫不气馁地向国家档案局、国防高级研究计划局,以及国防部下属的各分支机构提交了基于《信息自由法案》的文件访问申请。国防高级研究计划局——一个创造了互联网的机构,表明没有任何相关文件。国家档案局也如此回复,而他们必定从外国资产管理局接手了一些文件。从五角大楼

20世纪30年代，总是温文尔雅的特斯拉拄着手杖在纽约客酒店。

也没得到任何消息,尽管我一再要求并努力说服我熟悉的国会议员去追查记录。

塞费尔写过特斯拉专题的博士论文,后来就这位大发明家又写了一些富有洞察力的文章和著作。他认为,在1943年特斯拉的文件被没收之后,有人研究过特斯拉的这些文件,其中包括麻省理工学院的工程师特朗普(John Trump),军事工程师菲茨杰拉德(Bloyce Fitzgerald)。虽然有其他研究者认为特斯拉可能在19世纪末期已经做了有关粒子束的实验,但是他们没有证据证实特斯拉是否基于他的发明设计制成了可行的武器,即使特斯拉曾经在他于纽约举办的81岁生日聚会上表示,他打算把他的武器"献给日内瓦世界和平会议"。20世纪30年代,特斯拉也曾多次在他的著述中描述过这个武器。

我注意到,在一份复制粗糙、没有日期且被涂改的FBI备忘录中,菲茨杰拉德说,他"知道特斯拉已经构想并且[此处涂黑]了一种尚未有人用过的革命性鱼雷"。这种武器是机器人式鱼雷吗?它是如何驱动的?在备忘录上没有任何记载,也没有解释FBI当时的核查和如何跟进的安排。

对特斯拉的遗失档案的关注源于苏联在20世纪70年代对粒子束武器的兴趣,并与里根(Reagan)政府构想用能量束击落洲际弹道导弹的"星球大战"战略防御计划有关。1977年,权威专业杂志《航空周刊与空间技术》(*Aviation Week and Space Technology*)发表了一篇7000多字的文章,重点报道了当时苏联在这方面的努力。甚至不久苏联海军宣布,已拥有这种可部署在新型驱逐舰上的武器。特斯拉的创见是否与苏联发展粒子束武器有关?苏联方面三缄其口,我们一直也无法知晓。

如今另一个特斯拉

今天,特斯拉变成了汽车品牌。他也是电影和电视节目中反复出现的角色。从赛博朋克到先锋派火箭手,许多特殊利益集团都崇拜他。特斯拉代表着酷,在世界各地都是热门话题。这里有一个重要的原因:如果你考查一下特斯拉最具创造力的年代,你会发现他是一个想要解决那些困扰着人类的重大问题的人。如何开发利用和普及清洁能源?如何避免战争?如何改善整个人类的生活品质?令人信服的答案就在特斯拉丰富的笔记和图表中。

不可否认,特斯拉晚年的形象和他的财政窘况有损他的名声及其在历史上的评价。特斯拉最后几十年形同隐士,他退避到了小心翼翼的金融家、自惜羽毛的发明家、江湖术士和仪式上的崇拜者的世界。虽然特斯拉最后在纽约圣约翰大教堂有一场高规格的葬礼,但他没有像同时代的爱迪生、摩根和马克·吐温那般出名,葬礼上供瞻仰的特斯拉就如未竣工的大教堂,他的遗志未竟。

还有鸽子。当特斯拉的健康衰退,仅靠很少的专利费度日时,他坚持让助理给飞进他酒店公寓窗口的鸽子喂食,他也时常在午夜漫步到布赖恩特公园去照料那些飞来的精灵。政府人员在收拾特斯拉的物品时,不得不顾及特斯拉对鸽子的迷恋——他房间的窗台上都是鸽子屎。特斯拉甚至认为一只被收养的鸽子是他的妻子,"我爱她就像是一个男人爱一个女人一样"。 特斯拉对他的知己奥尼尔(John O'Neill)说:

"当她生病时,我知道并且也明白;她进到我的房间,我几天都待在她身边,照看她恢复健康。如果她需要我,那么其他一切都不重要了。只要我拥有她,我的生命就有意义。一天夜里,当我在黑暗中躺在床上,像往常一样,想着解决问题,我知道她需要我,她想告诉我说一件重要的事,我便起身走向她。当我看她时,我知道她想对我说的是,她就要死了。就在那一刻,我接收到她的信息,来自她眼睛里的光——强有力的一束光。那是一束真实的、强力的、甚至令人晕眩、耀眼的光。那光比我实验室里最大能量的灯发出的光还要强烈,我感觉有某种东西离开了我的生命。在这之前,我知道我都会完成工作,不管项目如何雄心勃勃,但当感觉有某种东西脱离了我的生命时,我明白我一生的追求已经完成了。"

不过,想必搜查房间的特工年龄还不够大,他们不知道这个孤独、枯萎的老人曾经是纽约社会和世界舞台上一位极富魅力的巨人。女性们一直崇拜这位会讲6种语言的英俊欧洲人,而特斯拉自己

特斯拉宠爱的白鸽

说——为了全身心地投入一生的工作,他要保持独身。特斯拉身材瘦削、挺直,身高超过6英尺①,一双大手,大拇指很突出,头部是特有的楔形。

当年风光的时候,特斯拉高调地住在纽约沃尔多夫-阿斯托里亚大酒

1941年,一个人在华盛顿广场公园喂鸽子。

---

① 约1.83米。1英尺约为0.30米。——译者

店。每天晚上准8点,他身着正式的燕尾服,来到自己专用的餐桌用餐。特斯拉在实验室的卓越技艺吸引了很多有名望的朋友前来参观,其中包括对第二个工业时代的新发明着迷的马克·吐温,他投资了一大笔钱,结果损失惨重。

特斯拉既是神秘主义者也是发明家,这种双重性是他具有吸引力的地方。特斯拉相信更高的权力,致力于寻求实现世界和平的方法;他研究辨喜(Swami Vivekananda)①的著作,研读印度吠陀并写下感悟的诗篇。与竞争对手爱迪生不同,特斯拉涉猎宇宙学、宗教和身心联系。

而特工们所熟悉的特斯拉,只是那个刚刚在3327房间死去的鬼魅形象。在去世的前几年,特斯拉常像幽灵一样从酒店房间里出来漫步,深夜徘徊在纽约的街头。当他去世的时候,特斯拉独特、高贵的面孔已被掏空得消瘦不堪。他与社会脱节太久了,科学界许多人认为他是一个最终与现实分离的、苦修苦行的科学家;外界大多数人则把他看作一个有缺点的神秘主义者,特斯拉对这些评价都不予理会。随着死亡的临近,在许多无眠之夜,他仅与他的笔记本和鸽子一起,分享他脑海幻象的精致细节。

---

① 辨喜(1863—1902),印度哲学家、印度教改革家。辨喜是现代瑜伽的主要奠基者,是第一位在西方讲授瑜伽和冥想的灵性导师。——译者

特斯拉式的行为 ❶ 自省

1919年，特斯拉开始反思自己的生活，作出了如下精妙的评论：

> "从小时候起，我就被迫集中自己的注意力。这一度使我很痛苦，但从我现在的观点来看，这对我有一种潜移默化的帮助，它让我意识到自省在维护生命中的珍贵价值，也是获得成就的一种方法。"

我们每个人都不一样，而世界上最具有创造力的人，在成长过程中常常会感到与他人有一些疏远。他们很可能被人取笑，说他们行为怪异或性格怪僻。这种人要么厌恶群体生活，要么感觉自己很难迎合他人的期许。特斯拉执着于许多奇怪的事物，对知识抱有一种狂热，他不喜欢与人交往，似乎更愿意陪伴他的猫。但特斯拉却极致利用了他的这些不寻常的偏执，从而成为有史以来最有代表性的发明家之一。

即使你没有天生紫色的头发，或者你从不在课堂上沉迷于自己思维的世界，也很有可能因为某些特定的经历影响了你，使你对某些事物具有独到的见解。事实上，当我们需要创造性的理念以解决问题时，个人的这些经历和独到见解就会有极大的用处。对特斯拉来说，如前面所提到的，在他极具天赋的哥哥戴恩死于意外之后，特斯拉的生命历程就出现了重大转折，他突然成了父母的独子，得努力去弥补哥哥造成的空落，他养成了拼搏的工作习惯并渴望得到认可。特斯拉清楚意识到自己的生命有限，立志要在有生之年让这个世界变成全人类更美好、更安全的家园。

花点时间考虑一下，你应该成为什么样的人，走什么样的路？估量一下你与他人的区别，你如何能把这些特质当作你的优势。以下有一些引导题：

◆ 你的核心素质或主导人格特征是什么？尽可能多地写下你想到的，其中哪三个最能说明你的个人特点，把它们圈出来。

◆ 你最难忘和最不寻常的生活经历是什么？你能否将其中的任何一个与你独特的人格、观点或者兴趣联系起来？

◆ 你最喜欢在空闲时间做些什么？你最大的爱好是什么？

◆ 你是否具有其他人可能认为的"怪异"习惯或倾向？这些偏好对你来说有什么影响？

◆ 回顾一下你的个人素质清单。你凭个人的特质最可能做什么样的努力？你在哪里可以贡献最大的价值？

◆ 是什么促使你进入智力或精神遐想的状态？它与你生活中的意义和目标有什么关系？

◆ 你觉得10年后的你会在哪里呢？你希望那时自己对世界产生了什么样的影响？

第二章
俘获电火：
特斯拉的创造力继承

> 莎士比亚笔下的英雄普罗斯佩罗（Prospero）不只是一个抽象角色，世上一直有这样的人，特斯拉就是其中最形象的例子之一，他的技巧、能力和想象力都可以与普罗斯佩罗相媲美。
>
> ——齐夫里奇（Zorica Civric），高级策展人，贝尔格莱德科技博物馆

章首图
富兰克林（Benjamin Franklin）从天空引下电火，约1816年。

特斯拉有许多先辈,他们也将好奇心、创造性见解和实验的严谨应用于众多自然现象中。古代非常务实的阿拉伯水手,借助行星的运行计算他们的航线;古罗马的工程师,设计出精巧方法将淡水送到需要的地方,并用虹吸方式从城市排走污水,他们都给予我们这位发明家以很大的启示。

尽管我们不知道特斯拉是否见过文艺复兴时期远在意大利的列奥纳多·达·芬奇的笔记,但他们确实是志趣相投的人。列奥纳多兴趣广泛,才华横溢。像特斯拉一样,列奥纳多一心想理解大自然的奥秘,他不认为有什么研究禁区。这位博学者对自然的过程如此着迷:湍急的水流,种子绽放的花朵,人类头骨的结构。列奥纳多用艺术家的眼睛和科学家的好奇心精细地描绘自然物和人工制品,用他那奇特的镜像文字记录下来。这位创作了《蒙娜丽莎》和《最后的晚餐》的大艺术家探讨过解剖学、植物学、流体力学、机械工程和动物学,他想知道不同结构是如何组合在一起的,这些系统是如何运行的?水车、杠杆、齿轮和滑轮占据了他笔记本的大部分位置,这也是他为斯福尔扎家族①的战争机器所做的附属研究,该家族在15世纪后期统治了米兰。这些笔记本(只是若干系列之一)被收录在今称作《大西洋古抄本》(Codex Atlanticus)的集册中,其时间范围大约是列奥纳多一生中的40年——从1478年(当时他26岁)到1519年去世。

从小时候起,列奥纳多就是我崇拜的偶像之一。2007年,当一些古抄本在巴塞罗那的海事博物馆展出时,我有幸近距离接触他的画作。当时我和妻子正在西班牙旅行(作为20周年结婚纪念的一部分),我们奇缘般地遇到这个展览,列奥纳多的草图最令我着迷的是,他对所观察事物的生态的探求渴望。是什么给了流水以动能?鸟儿怎么飞翔?人如何能飞起来?当列奥纳多本应为那些富人客户提供艺术作品时——他经常错过承诺的交付日期——他却在忙于探求大自然的运作。列奥纳多的人体解剖图几乎揭示了每一根肌腱,每一块肌肉。组成一切事物的精细结构,从人的手到草属植物

---

① 斯福尔扎家族(Sforza family)是意大利文艺复兴时期以米兰为中心的统治家族。——译者

种子,都深深吸引着他。列奥纳多还绘制了堪称完美的提水机械图——其他图纸也同样精细——包括螺旋桨、不同的水轮和河道。列奥纳多的赞助人斯福尔扎家族当然需要这样的工程技术,因为这可以使米兰变得更强大。

同样,特斯拉也对大自然的奥秘着迷,努力用科学的方法去掌握它。正如第一章所说,从小时候起,特斯拉就表现出很强的求知欲,这不仅表现在阅读科学和文学经典著作,也反映在实际的动手能力上。正如他自己在《我的发明》中所回忆的:

> "我答应把我祖父的钟表拆开再装起来。以前这么做时,我总是一开始成功,但往往在最后失败……后来不久,我开始制作一种流行的水枪,用一个空心管、一个活塞和两个麻布堵头。"

受到活跃的想象力激励,特斯拉一心想创造飞行器,正如达·芬奇的经典实例:

> "机械飞行是我想要完成的一件事,尽管之前有过令人沮丧的经历:我从一所建筑的屋顶打着一把伞跳下来,那是一次糟糕的降落。我一度每天想象飞上天空到遥远的地方,但我不懂如何设法做到。现在我有了一些具体的东西——一个只有转轴和翅膀的飞行器,以及——空虚的无限动力!"

像达·芬奇一样,特斯拉也研究了水的流动:

> "在教室里有一些机械模型,让我十分感兴趣,因而我的注意力转向了水轮机。我制作了多个这样的模型,非常愉快地操作它们……我曾经对读过的尼亚加拉大瀑布的描述着迷,并在我的想象中画出大水轮被瀑布驱动的样子。"

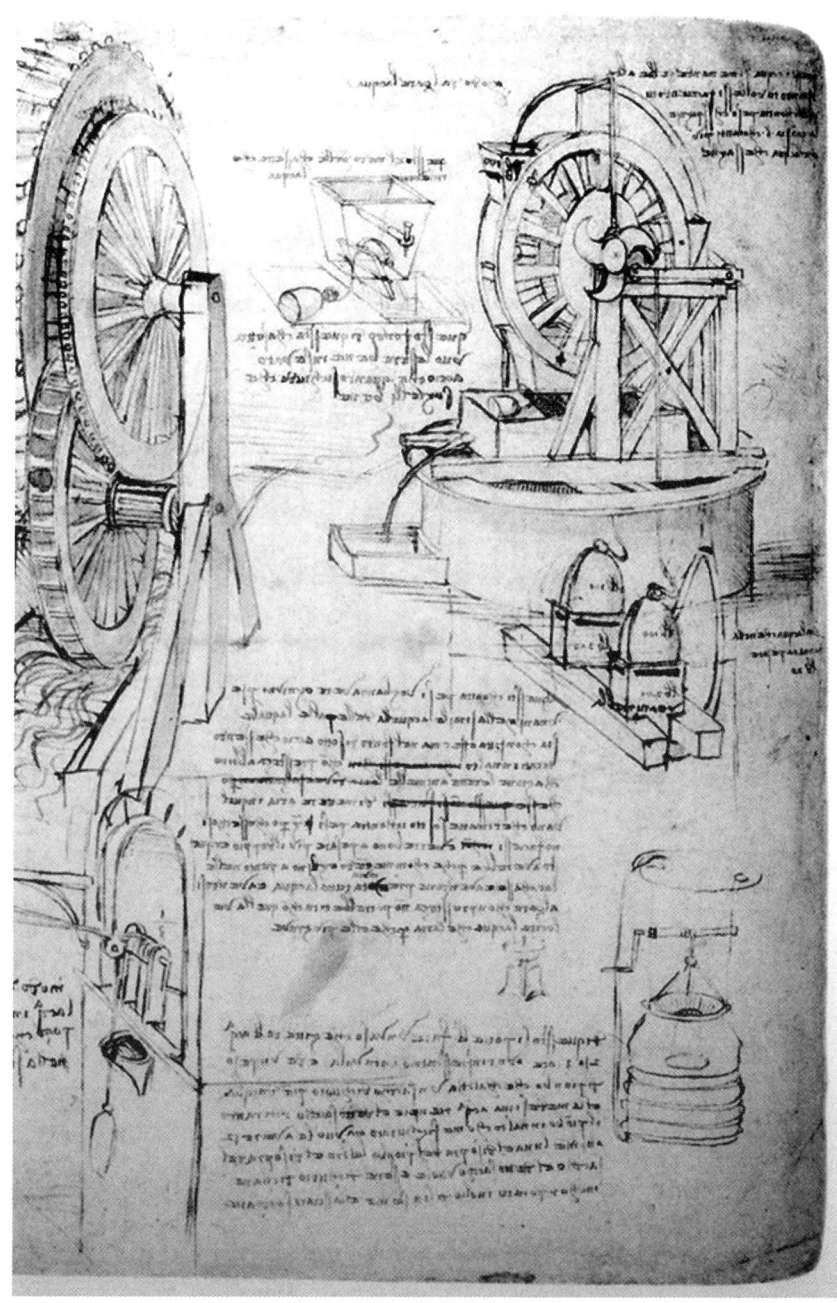

列奥纳多·达·芬奇绘制的提水机械，1480年。

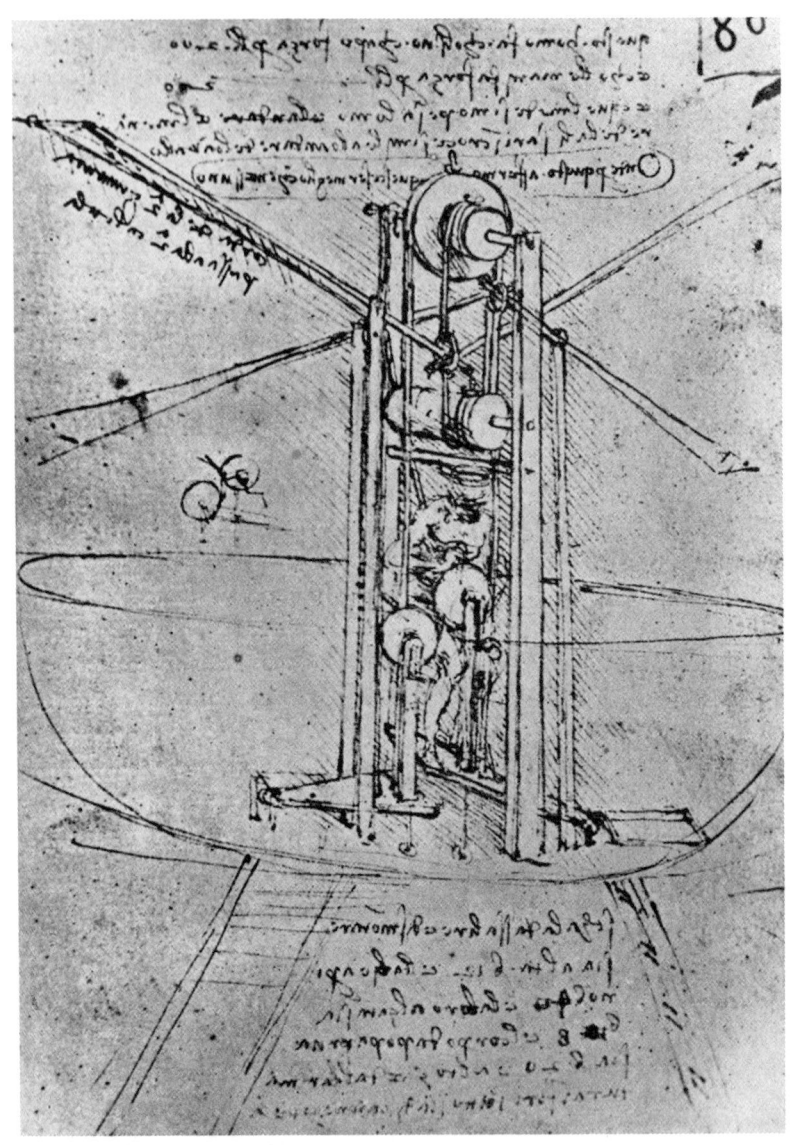

列奥纳多·达·芬奇绘制的飞行器草图,约1487年。

在后来的生活中,特斯拉将把这个轮子变成真实物体,利用巨无霸尼亚加拉瀑布的惊人力量把电力输送到四面八方。

第二章 俘获电火 39

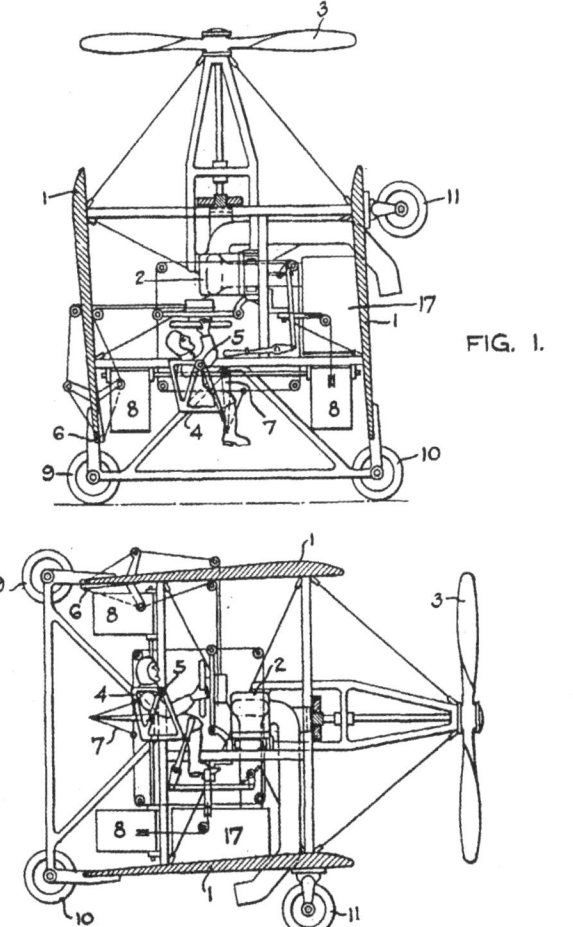

特斯拉为他的飞行器申请的专利，1927年。

列奥纳多和特斯拉一样,是最早的集成系统思考者之一。他想认识生物和无生命物的架构,并希望发现管理这些系统的规则。他不仅想弄清楚机械部件的工作原理,还想知道如何使它们工作更有效,以及作为更大系统中的子系统又是如何。美国物理学家卡普拉(Fritjof Capra)对此有观察,他写道:

> 我们的现代生命系统概念,充分验证了列奥纳多探索不同生命系统模式和过程之间的相似性的方法,他的"有生命的地球"的观点再次出现在今天的科学中,被称为盖亚理论。

盖亚(Gaia),的确如此。大自然当然是一个自我调节系统,尽管人类很容易扰乱地球母亲的变速箱。我们从自身的肺部和代谢过程中排出二氧化碳。植物将氧气释放到空气中并消解氮气,后者在大气中占主要成分。从人造能源到太阳,各种能量都为人类所用。地球充满能量,并有一个巨大的磁场保护着我们,使我们免受致命的太阳辐射无休无止地轰击。特斯拉对此有一些了解,就像列奥纳多一样,他想知道所有的运动部件是如何协调运行的。对特斯拉来说,大自然是一种关联系统,也是他渴望认识的生态系统。他回忆有一天,当他在克罗地亚山区漫游时灵光突然闪现的"尤里卡时刻":

> "天空变得阴云沉重,但不知怎地,雨迟迟未下,直到突然之间,一道闪电划过,不一会儿倾盆大雨落下。这一观察让我思考。显而易见,这两种现象密切关联,它们呈因果关系,略加思索使我得出结论,蕴含在降水中的电能是微不足道的,闪电的功能更像是敏感的触发器。"

这种自然的因果关系促使特斯拉思考,人类是否可以用电力来触发旱区上空降水,从根本上让大自然屈从于人类的意志。

特斯拉认为人类可以对自然实施有力的控制,他童年经历的另一个事件也强化了这一观念。他和一些朋友在雪地里玩耍,每个人都试图通过到陡坡扔雪球来制造比下一个人更大的雪球。据特斯拉回忆,有一个雪球在滚下的途中聚集了大量的雪,它变得像房子一样大:

> "几个星期之后,雪崩的画面在我眼前出现,我想知道这么小的东西怎么会变得如此巨大……如果不是那个早期强烈的印象,我很可能不会跟进我用线圈获得的小火花,也就不会发展出我最好的发明。"

像先前的许多科学家一样,特斯拉从对自然的观察中汲取了很多智慧。目睹雪的能量和重力引发了他的渴望:想弄清楚"微弱的"力如何完成巨量放大,为此他将生命的很多时间都投入到这项努力中。

在列奥纳多去世的那个世纪末,莎士比亚在沉思"美丽的新世界",在新世界中,新的神奇力量比魔术师和戏剧家的艺术展现出更多的东西。科学正在超越炼金术,成为人类探究和知识的合法而有力的来源。在莎翁的最后一部戏剧《暴风雨》(The Tempest)中,他笔下的流亡贵族普罗斯佩罗真实地召唤出一场风暴,利用神奇的力量改变了其岛屿附近的船上的那些人的命运。特斯拉后来声称这种"神奇力量"很可能与他的科学研究有关。**控制天气,让大自然屈从于你的意志。**

莎士比亚抓住了一个主题,即在他去世后将主导科学革命的主题:如何理解和操纵自然。正如评论家布卢姆(Harold Bloom)所说,"至少在外在的意义上,普罗斯佩罗的艺术控制了自然。虽然他的艺术应该教会普罗斯佩罗一种绝对的自我控制感,但当戏剧结束时他显然没有获得。"

在19世纪末到20世纪初的动荡岁月,特斯拉正是一个现代的普罗斯佩罗——一个痛苦的魔术家,一心要操纵自然,因为他身陷厄运。不过特斯拉特别注重自律和自控。他摒弃年轻人的不安分形象,力戒狂欢作乐和经常的神经衰弱,守身禁欲,并成为素食者。就像《暴风雨》戏剧结束时的普罗斯佩罗一样,特斯拉很宽容,他要和平,尽管他所有的自律和充满活力的探索并没有让他有那种戏剧中的宁静。

莎士比亚戏剧《暴风雨》开场一幕,普罗斯佩罗(右)召唤风暴,使船只遇难(1797年版画)。

富兰克林的风筝

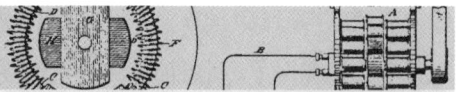

即使你没有列奥纳多那样的艺术敏感,有时纯粹的好奇心也会让严于律己的科学家走得很远。当富兰克林开始他的电学实验时,他本来只是想了解闪电的性质。它是什么样的宇宙力量?人类文明注定永久受闪电(一种肆虐且无法控制的力量,能引发火灾甚至随意烧毁整个城市街区)之扰吗?富兰克林不这么认为。

18世纪中期,当时在英国统治下的美国开始骚动,革命还没有爆发。富兰克林开创性的电学实验证明了电是大自然中一种可以定义的力。令人惊奇的是,这些实验并没有在一些正式的论文集或技术期刊上发表,而是记录在1747年起写给伦敦的朋友柯林森(Peter Collinson)的私人信件中。

从这些信件中可以清楚地看出,富兰克林花了数百个小时试图了解电是如何存储、传递和转换的。虽然富兰克林专注于研究静电——他使世人知道了正极和负极的概念——但他为人类利用这种自然力奠定了基础,使人相信电也可以有其他用途。

对正在研究电荷电场的富兰克林来说,当时尚未发现的电子是一种"火"。富兰克林在信件中大量使用"粒子"一词,他不断进行实验以了解电荷之间如何相互吸引和排斥:

> 每个带电的物质粒子都被其他每个同样带电的粒子排斥。因而当通电时,致密而连续的粒子如泉涌出,以刷子的形式分离和散开,每个粒子都在努力远离其他粒子。

富兰克林使用的是原始储电装置,如产生静电的长玻璃管,以及玻璃做的莱顿瓶,这也是当时的电池。富兰克林和朋友以及他的俊托俱乐部的成员都热衷于做电学实验。俊托俱乐部是费城的一个致力于民生改善和科学事务的社交团体。富兰克林总爱开玩笑,有一次他拿国王乔治二世(George Ⅱ)的画像恶搞,谁要触摸国王的王冠,就让他挨一次电震。

富兰克林所做的风筝、钥匙引电实验以及安装避雷针,改进了人类对电的认知。富兰克林从玩耍式的探索进入到闪电性质研究,他把电力定义为"流动的东西",从而保护了无数的建筑和生命。

富兰克林有关电的通信在19世纪中期一直是重要的文献,他的电学实验使他在大西洋两岸都享有盛名。艾萨克森(Walter Isaacson)是富兰克林传记的作者,他这样写道:

> 少有科学发现能直接为人类服务。伟大的德国哲学家康德(Immanuel Kant)称富兰克林是"新普罗米修斯",因为他盗取了天

火……在解决宇宙中一个最神秘的问题时,他已经征服了自然界中一个最令人恐怖的危险。

富兰克林为冒险的独立科学家设定了探索未知区域的标准,而特斯拉毫无疑问较早就汲取了富兰克林的观察和实验技巧。在《我的发明》一书中,特斯拉不仅提到发明者需要独特而卓越的观察能力,而且也强调了发明者要有大目标——担负利用自然力量以改善人类生存的义务:

"发明家的努力本质上是拯救生命。不论是利用自然力,改进装置,还是提供新的舒适和便利设施,都要有助于人类生存的安全。发明家也要比一般人更有能力在遇到危险时保护好自己,因为他观察敏锐且足智多谋……我似乎是好受本能冲动行事,这种行事方式后来影响我——利用自然的能量为人类服务。"

因而就不奇怪,为什么费城的富兰克林研究所里陈列有特斯拉的半身雕像(由特斯拉科学基金会捐赠),其位置在电力展厅前的中间。

新普罗米修斯的世纪

特斯拉生于一个充满"异端"思想的世纪,其中包括浪漫主义的观念,认为虽然上帝没有直接管理人类,但是这位创世者的意图可以通过自然法则和科学原理来理解。

当特斯拉两岁时,伟大的英国科学家法拉第(Michael Faraday)在维多利亚(Victoria)女王授予他一座房子后,体面地退休到了汉普顿宫[①],他于1867年去世(当时特斯拉11岁)。法拉第是一位坚定的实验者,成功发现了电磁感应原理——即磁场如何产生电。法拉第是一位伦敦铁匠的儿子,家

---

① 不是在汉普顿宫中,是在附近绿林的一座房子。——译者

境贫寒,一家人曾经靠一条面包度过一个星期。1813年,法拉第在汉弗莱·戴维爵士(Sir Humphrey Davy)指导下开始了他的职业生涯。三年后,他发表了他的第一篇论文,其严谨细致的实验为化学、电化学、电磁学和物理学带来了许多新见解。

法拉第的工作为特斯拉时代的教育提供了坚实的基础,这也包括其他众多有创造力的科学家和哲学家的见解,例如笛卡儿(René Descartes)、开尔文勋爵(Lord Kelvin)和休谟(David Hume)等人。在特斯拉的学生时代,他对休谟的白板概念("空白板"),以及笛卡儿的机械论生命理论特别感兴趣,这似乎也符合他自己的观察体验:

> "不断的脑力训练发展了我的观察能力,使我能够发现非常重要的事实……我在连接因果关系上获得很大的便利。很快我惊讶地意识到,我构思的每一个想法都是由外部印象引出的……我只是一个思想和行动上缺乏自由意志的机器人,只对环境的力量作出反应。"

虽然这种关于人类无助和自由意志的见解会让许多人变得愤世嫉俗,但拥有非凡视力和听觉的特斯拉则受到了这一信念的激励——认为卓越的感官能力和坚持不懈的观察会让某些人(包括他自己)在世界上占据优势:

> "我们其实是由媒介力量完全控制的无意识的自动装置,就像是扔在水面上的软木塞一样。人们时常把外部作用的影响误以为是自由意志的结果……大脑中的某些缺陷或多

法拉第的磁力火花线圈侧面,1831年。

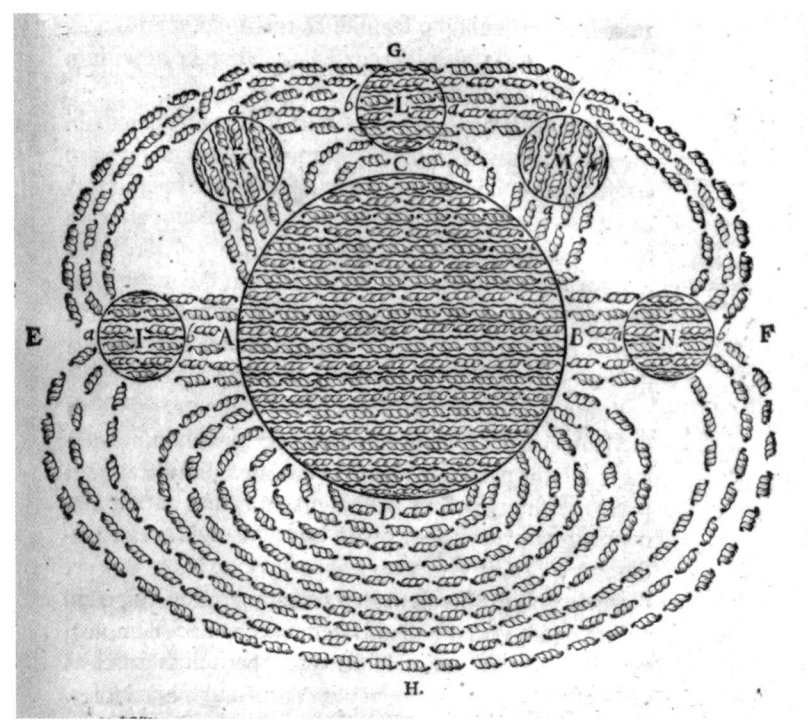

最早的磁场图中的一张,见法国哲学家笛卡儿的《哲学原理》(Principia Philosophiae),1644年。

或少会剥夺人生命的自主意识,并使之最终走向毁灭。一个感官敏锐、富有观察力的人,有着完好的高度发展的生命机能,且顺应环境变化精确地行动,就会拥有超凡的机械感知能力,使他能够躲避觉察到的潜在危险。"

特斯拉关于他自己"超凡的机械感知能力"的结论,显然增强了他的这一意识:为全人类服务的决心和责任。

当法拉第的职业生涯处于辉煌时,19世纪正通过科学推理的力量挑战大自然的主宰地位。在物理学意义上,死亡不再被视为一个有限命题。天空的巨大能量能否使生命复苏?正如伽伐尼(Luigi Galvani)和伏打(Alessandro Volta)这样的实验者在18世纪80年代所做的观察,当将电流施加到青蛙腿上时,似乎有一种"动物电"。年轻的特斯拉在抚摸他的宠物猫的背部时,也遇到了这种电。1939年,特斯拉专门为一位南斯拉夫大使的女儿写下《长者讲述的青春故事》(A Story of Youth Told by Age)一文,在文中特斯拉与这个女孩分享了对猫的喜爱。特斯拉回忆说:"马查克的背部是一片光,我的手产生了大量火花,啪啪的响声到处都能听见。"当特斯拉问他的父亲是什么引起了火花,米卢廷思索了一会儿回答说:"嗯,这只不过是电,你在暴风雨中透过树林会看到同样的东西。"这让三岁的特斯拉十分疑惑,"大自然是一只巨大的猫吗？如果是这样,是谁在抚摸它的背呢？"

这个问题为特斯拉后来的创造生涯增添了动力。

伏打不久创造出世界上第一批电池之一——伏打电堆,一种能让法拉第做数百小时实验的装置。作为电学单位的"伏特"即是以这位意大利科学家的名字命名的,它将成为特斯拉日后所用的主要词语之一。

另一位其名字成为常用科学词语的科学家是威廉·汤姆孙(William Thomson),即开尔文勋爵。这位爱尔兰数理物理学家确定了温度的下极限(绝对零度)。为了纪念他的成就,"开尔文"被作为绝对温度的单位。这位杰出的科学家在其他领域也做了重要工作,包括电和电报,特斯拉最终使之得到进一步拓展:

> "1856年,开尔文勋爵揭示了冷凝器排放的理论,但没有就这一重要知识进行实际应用。我看到了这种可能性,基于这个原理研制出了感应器。"

事实上,在开尔文给法拉第设想的跨大西洋电缆实验提出自己的专业性建议后,他已经研制成了传导器。电气和通信方面之所以取得前所未有的进步,是因为科学家和发明家能够在前人研究的基础上作进一步的拓展。

法拉第发表第一篇论文(关于腐蚀性石灰)的那一年——1816年——也被称为"无夏之年"。之前一年,位于今印度尼西亚的坦博拉火山突然喷发,

早年的开尔文勋爵是英国格拉斯哥大学的教授,他把酒窖当实验室,给学生做物理演示。

留下一个近4英里大的火山口。火山灰云飘散到世界各地,阻挡了大量的阳光,降低了全球温度。那个夏天,由诗人拜伦勋爵(Lord Byron)带领的一群放荡不羁的英国文人在瑞士日内瓦湖附近躲避暴风雨。这一行人包括拜伦的私人医生波利多里(John Polidori),诗人珀西·雪莱(Percy Shelley)和他的未婚妻玛丽·沃斯通克拉夫特·戈德温(Mary Wollstonecraft Godwin)。拜伦是在无数性丑闻（他不乏乱伦和生活放荡的故事）的谣言不断冒出来的情况下逃离英国的。

那时候填字游戏、战船游戏和魔兽世界的游戏都还没有发明出来，这些文学圈的朋友在湖边拜伦的狄奥达蒂别墅里围坐，想出了互相挑战比赛讲鬼故事。一直被拜伦嘲笑的波利多里就这样写下了《吸血鬼》(The Vampyre)，后来成为19世纪末斯托克(Bram Stoker)创作《德古拉》(Dracula)的灵感来源。波利多里基于拜伦和他周围几乎所有人之间的"吸血"关系，精心编撰了这个吸引读者的故事，而早先的若干匿名版本曾被误以为是拜伦本人的创作。

不过，玛丽·雪莱对待这个游戏比任何人都要认真。靠着阿尔卑斯山，沉醉于不尽的暴风雨中，她写下了《弗兰肯斯坦，即现代普罗米修斯》(Frankenstein, or The New Prometheus)，并在1818年发表。被誉为恐怖故事之母

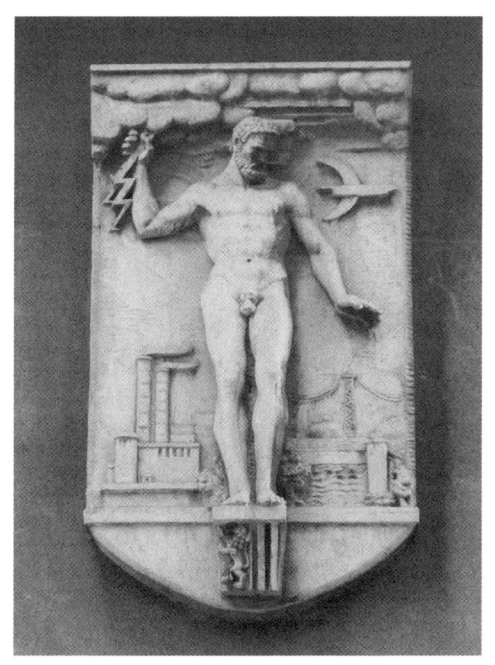

德国德累斯顿的这个浮雕以现代城市为背景，表现了普罗米修斯从天空抓住一道闪电。

的玛丽·雪莱对自然本身有一种浪漫主义式的挑衅。如果生命可以重建,或者通过闪电的力量恢复,那会是什么样? 将产生什么样的生物? 玛丽·雪莱笔下的"丑陋子女"诞生于电,而电正是特斯拉想要驯服的自然现象,尽管19世纪下半叶初他还只是个孩子。

对光的颜色做过科学研究的德国伟大诗人歌德(Johann Wolfgang von Goethe)密切关注拜伦的团队和他们的工作。歌德花了大半生的心血创作出悲剧《浮士德》(Faust)。歌德评价《吸血鬼》是拜伦"已有作品中最伟大的",而波利多里试图宣称他才是这本畅销书的作者。波利多里生命中几乎每一步都被拜伦的阴影笼罩,25岁时他服下一瓶氰化物自杀。幸运的是,拜伦的女儿阿达·洛夫莱斯(Ada Lovelace)避开了她父亲怪异自我的影响,长大后投身另一个技术领域,该技术后来发展为数字计算。

这是一个勇敢的时代,预示着像特斯拉这样有浪漫情怀的发明家的到来。文化和科学海啸下的暗流,引领了两波工业革命的浪潮,也目睹了人类开始玩超自然之火。除了玛丽·雪莱的"普罗米修斯",歌德的《浮士德》探讨了与技术和工业化进步相联系,与主导公众的想象力相关的道德困境,人们是否必须与魔鬼达成协议才能获得权力、美貌和不朽? 特斯拉的大半个人生都将与这种浮士德式的主题作斗争。

特斯拉式的行为 ❷　永远保持好奇

按特斯拉的说法："缺乏观察仅仅是一种无知的形式，也对许多病态观念和愚蠢的想法负有责任。"这位发明家明确认识到观察作为其创造性追求的核心原则的重要性，尽管对自己的勇敢精神有充分的自信，但当他要了解周围的世界时，他也会清楚地意识到，从前人那里可以学到很多东西。而观察处于特斯拉的好奇心金字塔的顶端。

所有那些为特斯拉的研究奠定基础的伟大人物都是有天赋的观察者。达·芬奇、富兰克林和法拉第，他们在童年和成年初期都有很强的想象力；若是没有他们尝试理解自然现象之间的关系，特斯拉就得攀登更陡峭的山峰。像达·芬奇一样，特斯拉想飞上天空；像富兰克林一样，特斯拉希望捕获闪电；也像法拉第一样，特斯拉是一位严谨的实验者。特斯拉对前辈们已苦苦思索过的创见和发明做修补、摆弄和重整。作为男孩，他已有了把事物分开以便看它们如何运作的想法。

特斯拉永不消退的好奇心是伟大科学家和发明家具有的特征，加之关注他人工作的那种热情——不论是科学实验者、哲学家还是小说家——这些人都为他的许多顿悟闪现提供了基础。鉴于此，请想一下最能激励你的艺术家、思想家和企业家。

◆ 你最喜欢的作品是什么——文学、视觉艺术还是音乐？你从中学到了什么重要的内容？其中有哪些塑造了你的目标或人生观？它们对你是怎么说的？

◆ 有什么书籍、电影或专集是你想要读、想看或是想听的？列一张清单并选出前十名，看看你是否可以在明年把它们纳入你的日程安排。随身携带笔记本电脑或平板电脑，随时记下任何想法或见解。

◆ 有哪些著名的科学家、艺术家、领导者、音乐家和其他的名人——历史上的或今天的——使你觉得最受激励？考虑做一个小型的研究课题，以发现更多有关他们的研究、观点和心理的特征。你是否注意到他们的外貌和/或个性与你的特点之间有任何相似的地方？

◆ 试着回忆一些情景，当你发现自己处在大自然的包围中，或是有非人类生物在陪伴，是否有什么东西使你感到惊奇或为之着迷？

◆ 有什么特殊技能或行业是你一直想要学的吗？如今有很多的在线课程和网站，包含了大量的课程和辅导安排。每所大学都有成人教育或终身学习课程。如果你只想参加讲座，可以加入你大学的校友会，或查一下当地社区大学的教学安排。他们都有学术讲座和艺术系列活动。

◆ 你如何提升你的好奇心？可以实地考察，去博物馆参观。每次去一个大城市，我都尝试去一个新的博物馆。我探索纽约已有40年了，但仍没有看遍所有的东西！走过有趣的街区，聆听音乐或观看原来不熟悉的艺术品，在任何年龄段你都可以发现新鲜的事物。敞开心扉，吸收新鲜空气吧。

第三章
灵光闪现：
特斯拉的心理探秘

加重的病痛，

阵阵闪光——

一次飞升

触及天使精妙的秘密。

——本书作者

章首图
克罗地亚卡尔洛巴格的版画(1880年)，画面上是地处韦莱比特山脉的利卡-塞尼郡的一个海边小镇，特斯拉出生在附近的斯米连，年轻时他漫游过克罗地亚的群山。

闪光总会毫无征兆地出现。一幅幅图像在大脑中闪现，对特斯拉造成精神上的压迫，从童年到终老都是如此。在哥哥戴恩1861年意外死亡之后，特斯拉一直心有余悸，那些痛苦的回忆很可能一直困扰着他。

14岁时，戴恩从他父亲高贵的阿拉伯马上摔下。这其实是一匹**救**过他父亲米卢廷命的马。当年这匹马被狼群惊吓，把米卢廷摔了下来，但它随后狂奔回家，带救援人员回到了这位牧师躺倒的那片雪地，米卢廷伤得不轻，但仍然有意识。

善思好学的米卢廷痊愈之后继续为教堂的会众尽职，这些会众来自斯米连的边境地区，奥匈帝国与奥斯曼帝国在那里接壤，也就是今天克罗地亚的利卡山区。特斯拉一家没人能从戴恩丧生的阴影和悲伤中走出来。长子戴恩英俊帅气，聪明伶俐，他本可以在巴尔干半岛这片土地上大有作为。被哈布斯堡（Hapsburg）等王室家族瓜分的欧洲大陆，领土边界不断在变，充满了挑战和机会。

特斯拉的母亲久卡（Djuka）颇有天赋，有家族遗传，如特斯拉所说，母亲出身于根基稳固的塞尔维亚家族的"发明世家"。久卡生活在几个世纪以来遭受动乱的农村地区，她**必须**有创造力才能生活。她自己种粮食，料理家务，并确保戴恩和特斯拉的思维开放，以适应这个自然知识与科学突飞猛进的年代。特斯拉回忆说：

> "我母亲是个一流的发明家，要不是远离现代生活和种种机会，我相信她一定会有许多伟大的发明。她发明和制作了各种工具和设备，她用自己捻的棉线编织成精美的图案。她甚至自己播种，培育植物，并亲手分离纤维。"

戴恩死后，特斯拉一家不愿再住在斯米连，迁往了戈斯皮奇，这是一个有3000人的较大的城镇。特斯拉在这里埋头学习，一天到晚泡在父亲的大图书馆里，汲取各学科的知识，并努力记忆。就这样，特斯拉学会了7种语

特斯拉的父亲米卢廷(左,1819—1879)是一位严厉的牧师,也是一位理想主义改革家,他拥有一个很大的包含各类书籍的图书馆,这里充满了智慧和记忆。特斯拉回忆他的母亲久卡(右,1822—1892)是一位有创造性的巧匠和勤奋忙碌的劳动者。

言,掌握了物理学和电磁学的基本原理,由此影响了他80多年的人生。

有什么力量可以打破必死的命运吗?这个问题在特斯拉阅读并记忆歌德的《浮士德》(一部讲述为人意义的文学名著)时就萦绕于心。父亲要培养特斯拉成为一名牧师,但当特斯拉开始了解新发现的自然法则时,他开始抵触成为牧师的生活。在特斯拉染上霍乱之后,他害怕自己没有办法继续作为电气工程师的学习,便想办法向父亲表明他想走另一条路。父亲态度软化了,允许他去一所优质中学读书,1875年秋入学,地点在奥地利的格拉茨。

从各方面看,特斯拉接受了优良的正规教育,19世纪的欧洲生气勃勃,知识处在爆炸阶段,特斯拉学习了那个时期所能提供的所有科学知识。维多利亚时代末期充满了激进的观点,特斯拉的思维已成熟到可以选择接受或辨别。正如米开朗琪罗(Michelangelo)的西斯廷教堂绘画所描绘的那样,上帝的手不再直接伸向亚当(Adam)赋予他生命。达尔文(Darwin)于1859年出版的《物种起源》(*On the Origin of Species*)阐释了另一种我们如何成为人类的观点。

达尔文的思想穿越维多利亚时代，像一列失控的火车影响了19世纪后半叶（正如它影响今天世界上一些落后的地方一样），这让那些"伟大的生物学家们"担心达尔文会"杀了上帝"。按照达尔文的观点，自然选择决定了哪些物种存活，优胜劣汰，适者生存。这种思想后来渗透到达尔文的表弟高尔顿（Francis Galton）的研究中，高尔顿是描述性统计和优生学之父，优生学这一研究领域认为，人类物种中的"劣等"应该被剔除——后来这个危险的想法被希特勒和墨索里尼（Mussolini）这样的大屠杀者所利用。

从偏头痛到心灵之旅

是什么影响了特斯拉，让他有如此卓越的精神能量？从儿童时代起，特斯拉就一直受到"闪光现象"的困扰，这种现象似乎也无意中损害了他的视力：

> "在我童年时期，我遭受了特别的痛苦，伴有强烈闪光的影像不时在我眼前浮现，这损害了我对实物的视力，并干扰了我的思想和行动。这些影像是我真实见过的事物和场景的图像，不是我凭空想象的。当你跟我说一个词时，这个词所指的物体的形象会生动地呈现在我眼前，有时候我甚至无法分辨我所看到的是不是实在的物体。……有时它还会在空中固定，即使我用手去推它。"

从特斯拉自传的时间顺序看，这些影像幻觉始于青春期前，而这种痛苦可能伴随了他的一生。

特斯拉否认这些是精神疾病的迹象，他坚持说"在其他方面我是正常冷静的"，这些影像是"大脑受到强烈刺激时在视网膜上反射作用的结果，肯定不是因为疾病或者痛苦的心灵而产生的幻觉"。虽然这些神秘影像的神经学原理尚不清楚，但它们让人想起经常伴随偏头痛的闪光先兆。确实，有可能是"视觉偏头痛"，也就是说一个人没有头痛，也可能经历这种先兆。

有趣的是，这些闪光常常由紧张的情况所引发，不止一次让特斯拉连续

几天感到强烈不适:

> "它们通常会在我发现身处危险或痛苦的情况下发生,或是我极度兴奋的时候……我大约25岁时身体状况变得非常糟糕……我能感觉到脑子像着火了一样。我看见一束光,好像里面有一个小太阳,我冷敷自己难受的头,整夜难眠,最后闪光的频率和强度减弱,但要过三个多星期闪光才会完全消失。"

随着时间的推移,特斯拉学会了利用影像幻觉组合编排,并作为自己的一种优势来运用。通常当思想受困或围着某些过往经历绕圈时,特斯拉能将之重新导向更平静的水域,他明白这一点。

> "为了让自己摆脱这种痛苦的状态,我试着把注意力集中在我所见过的其他事物上,用这种方式我常常得到暂时的解脱;但为了这么做,我必须像变戏法一样弄出些新图像。"

据特斯拉自己说,这种方法的有效性逐渐消失,迫使他把想象力推到极限,想象着将经历的欢乐时光。大脑的活动富有深度和细节,他会看到新的地点、人和事物。在1896年接受的一次采访中,特斯拉描述了一次这样的"心灵之旅":

> "你是否曾将自己弃置在自己创造的世界里,享受沉思的愉快?你想要一座宫殿,它是由比米开朗琪罗更优秀的建筑师建造的……你在里面放满了令人叹为观止的绘画、雕像和各种各样的艺术品。如果你喜欢的话,就召唤来仙女……现在你走在一个美丽城市的街道上,也许这只是我的众多城市之一。然后你会看到所有的街道和大厅都被我漂亮的磷光灯照亮,所有的高架铁路都由我的马达驱动,所有电车公司的电车都用着我的振荡器……"

上图：1884年的版画，描绘了格拉查茨山区朴实的村庄。19世纪70年代①，特斯拉为了逃避奥匈帝国军队的兵役，设法在附近的山区躲藏。

下图：形成对比的20世纪明信片，表现完全电气化的芝加哥城。使高度互联和明亮的现代城市从奇幻变为真实，特斯拉的生动想象起了积极的推动作用。

---

① 1874—1875年。——译者

显然，特斯拉的生动想象力为他未来的许多发明提供了框架，尽管这只是发明过程的一部分。根据特斯拉传记作家卡尔森的说法，特斯拉发现，为了在技术上取得真正的突破，洞察力、直觉或预感都必须通过严谨的思考和分析，在头脑中加以提炼……对于特斯拉来说，一个创意不会突然出现，而是两种认知活动相互配合的结果：在想象中漫游，再仔细研究可能的解决方案。

随着特斯拉越来越沉浸于科学和工程的世界，他开始在大脑中绘制并旋转图样或想象的机器：

"有一段时间，我完全沉浸在想象绘制机器图和设计新机型所带来的极致享受中，这是我一生中有过的最完美的精神愉悦……对我来说，构思中的装置零件绝对都是真实的，所有细节都历历在目，甚至最微小的标记和磨损的痕迹也是如此。"

17岁时，特斯拉第一次训练自己专注可视化思维，之后逐渐演变成一种可用来展示新想法的便捷工具。特斯拉会在意识中创造他想要制造的机器的图像，并在头脑中对它们进行修整。它看起来什么样子？它是如何工作的？正如列奥纳多在笔记本里勾勒自然研究草图，或是莎士比亚在书页上发明文字一样，特斯拉经常在未建立物理模型的情况下，在大脑中画出了他想要的东西，并加以完善。这种能力在现代神经科学词典中称为空间推理。

在1919年写的自传中，特斯拉认为他对可视化的偏好超过了绘画、写作和建筑，与不愿受打扰的思考偏好一致。正因为此，特斯拉的视觉思维技巧显著领先，这一点甚至可以救他的命。例如，少年时代的一天，特斯拉被一股急流困住，几乎要淹死：

"就在我要松手，撞向下面的岩石时，我在一道闪光中看到一张熟悉的图表，说明流体运动压力与接触面积成比例的液压原理，随后我便自然地转向左边。"

简单地通过理解流水的特性,以及形象化地认识到在较小的表面积上流水压力的影响也会减少,特斯拉应用流体动力学知识游到了安全地带。到20多岁时,特斯拉创造出了交流电系统(该系统最终将与第二次工业革命惊人的技术发展密不可分),这时他的可视化能力已经成为一项独特的资产。

多数心理学家会认为,特斯拉的可视化技能是他"直觉力"创新方式的核心——也就是说,大多数的创意是从他的思考而不是从行动中产生的。就好像特斯拉的大脑里有一台3D打印机,可以从抽象的代码和图像中构建出某种东西。

相比之下,特斯拉的长期竞争对手爱迪生擅长的是更为"可塑的"方法,通过对实在物体的对比、修补来完成实验工作。在19世纪70年代为他那成功的白炽灯泡找到最适宜的灯丝之前,他尝试了数千种材料。相反,特斯拉则是在他的头脑中构造出工程图和各种电气装置的图样。

让我们看看特斯拉异常清晰的记忆。特斯拉不仅受到母亲鼓励,能记住整段诗歌,而且他还可以把像《浮士德》这样的史诗大作完全记住。有时看完一页的内容,特斯拉就能把它们植入记忆。心理学家巴伊奇认为,这种偏好可能与特斯拉一家的居住地有关。在奥斯曼帝国的边境,土耳其士兵会亵渎正统基督教的象征,禁止塞尔维亚的诗歌和音乐——这在被占领国是常见的现象。按巴伊奇的说法,奥斯曼人会过来,"在圣诞烤肉上撒尿。没有音乐随意起舞"。因而像《科索沃之战》(*The Battle of Kosovo*)这样的塞尔维亚史诗,是通过口头传授的方式记录下来的,这样才不会被侵略的士兵所玷污。巴伊奇指出:"由于这种传承,特斯拉必定更容易受到这种传统方式的影响,因此他可以很好地利用这点来支持他的其他才能。"

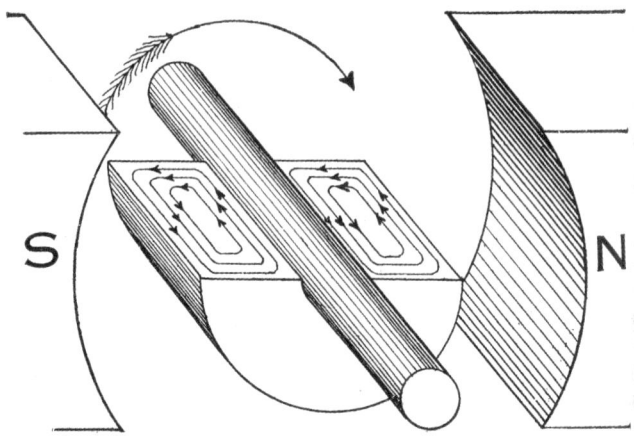

选自《霍金斯电气指南》(Hawkins Electrical Guide, Theo. Audel & Co.,1917)的示意图,当一根实心金属棒在磁场中旋转时会产生涡电流,这可能很像特斯拉在头脑中观察交流电的情况。涡电流会消耗很大的能量并产生有害的高温。

(不同寻常的)创造性思维

在《特斯拉——电气时代的发明家》(Tesla: Inventor of the Electric Age)[①]一书中,作者卡尔森注意到许多发明家的"狂热"和"紧张"的特点,他指出:"为了开发颠覆性技术,[想象和分析]这两种活动需要平衡安排。"巴伊奇博士是心理学家,也是一位画家,或许她就表现出有这种双重性。巴伊奇观察到,创造力并非来自单一的技能、条件或大脑的一部分:多种语言技能、感觉模式、分析技巧,以及生活经验都起作用——但像卡尔森说的那样,在分析了特斯拉和其他人的创造性特征后,她注意到创造力倾向于双重性,并发现以下特点:

富有创造力的人精力旺盛,但他们经常会安静独处和休息。特斯拉不在实验室的时候,会花很多的时间沉思默想——在四处走动。巴伊奇说:"有创造力的人精力充沛。他们能日以继夜地追求他们的技艺。他

[①] 中文版译名:《特斯拉——电气时代的开创者》,王国良译,人民邮电出版社,2016年。——译者

们会全力以赴追求'理念',显得永不停息。然而,他们也会休息和利用'安静'时间以萌生想法,哪怕是'停顿'一会儿,这都能让人受益。"

富有创造力的人既是"收敛"型思考者,也是"发散"型思考者。收敛型思维是有逻辑且结构化的,而发散型思维则直观得多,更有想象力,也更自由。虽然特斯拉的各种想法可能是发散而来,但收敛的一面又使它们组成系统。神经科学家过去常把这种思维称为"左脑"和"右脑"思维,但后来他们又提出新的理论表明大脑是作为一个整体工作的。巴伊奇说:"收敛型思维来自一种受过教育的演绎推理形式,在这种推理形式中,正确的答案是从以前所有知识学习中'推导'出来的。"大多数人习惯于这种模式。发散型思维则对同样的问题提出许多可能的解决方案或一堆看似合理的想法。特斯拉显然做到了这两点。"

富有创造力的人既幽默又有颠覆性,而且也勤奋。小时候,特斯拉喜欢用自制的水枪玩,用玉米秆打"假仗",后来一度迷上赌博和喝酒,然而他也知道什么时候该停下来,集中精力工作。巴伊奇说:"特斯拉年轻时有一段时间赌博,几乎上瘾(你可以说是一种强迫症状),但他后来戒除了赌瘾,因为他的母亲把她所有的钱交给他并对他说,'你不花光所有的钱是不会死心的。'……当然,特斯拉工作起来很勤奋。他会在实验室里待很长时间,但他也去看戏,听歌剧,也做了许多在那个时代称为'玩乐'的事情。"

富有创造力的人植根于现实,却也沉迷于幻想。特斯拉的愿景成为了世界上可实际运行的工作模式。巴伊奇指出:"特斯拉知道某些事情能做成功,是因为他那个时代已拥有的知识和已掌握的实验,但是他也能够'梦想'新的世界,其中的事情有可能不同,会比他经历的世界更好。"

富有创造力的人往往是双向性格者——也就是说,他们既外向又内向。特斯拉可以是隐士,也可以对外活力四射。当他享受别人的陪伴时,活脱是一个爱出风头者,他到哪里都花很长时间边走路边沉思。他享受一人独处,那常常激发出他最有创造力的时刻。

谦逊而自信往往是富有创造力的人的一个特征。1894年,《纽约世界报》(*New York World*)的记者布里斯班(Arthur Brisbane)对特斯拉有这样的观察评价:"他对外屈尊——如大多数没有骄傲资本的人所做的那样。他其实生活在自己的世界里。"布里斯班接着指出,"特斯拉有自爱和自信的品质,这通常会走向成功。"特斯拉有很多值得赞誉的成就,但他依然意识到自己不是无所不知的。巴伊奇也提到:"创造者都知道他们站在前人巨大的肩膀上,因此像特斯拉这样有出色能力和杰出成就的人,能够回看自己的成就,从中感到骄傲,但同时也保持谦逊的态度。"

　　富有创造力的人往往无视性别成见。特斯拉没有阴阳难辨、光彩炫目的音乐家大卫·鲍伊(David Bowie)和普林斯(Prince)那样极端,他的举止和衣着都略显柔弱。许多富有创造力的男性和女性,不管其性取向如何,都不在意社会强加给他们的性别界限。

　　富有创造力的人甘愿承受巨大的折磨和痛苦,以期获得更大的快乐。想象一下,尼亚加拉瀑布发电站在开渠运行后,特斯拉成为世界上最著名的工程师的喜悦吧!特斯拉,像大多数创新者一样,在成功设计尼亚加拉瀑布发电站之前,不得不应对数不清的挑战。面临爱迪生的强烈反对,他不得不去劝摩根说投资会获得回报。很少有伟大创意的人能立马成功。巴伊奇指出:"追求创新会导致痛苦和折磨……这种[特斯拉式的]激情和追求,会招致许多公众的嘲笑,这些嘲笑者是那些……无法'看见'他的愿景也无法理解他的人。嘲笑登月是幻想的人不会在登月成为现实之前停止嘲笑。"

　　显然,为了成功,有创造力的人需要优化他们的两面性,正确运用他们的能量。他们需要专注而保持平衡,同时也要积极接受非传统的思想。毫无疑问,投入和激情与创造力密切相关,但所有类型的创造者都必须权衡他们的目标及可行性,以确保他们不会耗尽精力。

旋转磁场的精妙对称

推动创造力的原动力是什么？芝加哥大学心理学家奇克森特米哈伊（Mihaly Csikszentmihalyi）对这一课题做了开创性研究，他表示需要经历一种称为"心流"（flow）的集中的精神状态。奇克森特米哈伊对这种感觉的定义如下：

> 自我消失了。时光飞逝。每一个行为、动作和思想自然而然地接着前一个行为、动作和思想，就像演奏爵士乐一样。你的整个生命都参与其中，你把自己的技能运用到了极致。

奇克森特米哈伊在他的同名经典著作中介绍了心流，他说需要达到你的"自成目的的自我"，也就是说，你的心理"很容易将潜在的威胁转化为令人愉快的挑战"。这意味着你要表现、说话或者行动；在众人前展示自己；抓住机会；把你的创造力用作一种接触外界的方式。进入你的自成目的的自我，你需要设定目标，沉浸于一项活动，集中你的注意力，并"学会享受你的即时体验"。

特斯拉的正规学校教育即将结束时，他想到了旋转磁场的概念，这就是"心流"显现。特斯拉在校时经历了一段特别困难的时光，熬夜、赌博和过劳学习，这与今天的许多大学生没什么两样。

特斯拉一直在努力改进直流（DC）电动机，因为它的效率低下，换向器电刷很糟糕，持续产生火花烧损，需要经常更换。尽管特斯拉知道他可以做些什么来解决这个问题，但一位教授对他说，改进或革新直流电动机是不可能的。换向器是那个时代最紧迫的电气工程问题之一，从纽约到布拉格，每个电气工程师都在关注这个恼人的问题。

> "我首先在大脑中想象一台直流电机，让它运行，随着电枢中电流的变化而变化。然后我会想象一台交流发电机，并研究它以类似的方

式运行的过程。接下来,我将构想出包含电动机和发电机的系统,并以不同的方式操作它们。"

当特斯拉在布达佩斯构想出旋转磁场时,他的思维—可视化能力变得极度亢奋。1882年的一个日落时分,在布达佩斯美丽的瓦罗斯利基特城市公园,特斯拉与朋友西盖蒂(Anital Szigety)一起散步,磁场的图像光彩夺目地浮现于他的脑海,触发了特斯拉将会改变世界的前所未有的梦想,可他在这之前想到了什么?是歌德《浮士德》的一部分,他用德语朗诵:

> 太阳隐退了,一天就此告终,
> 她奔向彼方,开拓新的生涯。
> 啊,但愿我能插翅高飞凌空,
> 永远不停地追随她!
> ……
> 一场好梦!女神却忽而消逝。
> 唉!我们肉体的翅膀,
> 不能同精神的翅膀一起展翅高飞。[①]

朗诵结束后,特斯拉在这条路的沙土上画了一幅旋转磁场的简图——正是感应电动机的心脏,它不需要换向器,能为成百上千万的工厂、电气设备和第二次工业革命的主体提供动力。

如果诗歌具有特殊的力量,它作为一种催化剂,可让我们更清楚地看到并改变对他人经历的看法。在《浮士德》的语境中,陷入困境的医生正在同自己的灵魂搏斗。他要和魔鬼做交易,后者会给他权力和土地。前面的路满是崎岖。

---

① 译文参照:[德]康德著,钱春绮译,《浮士德》悲剧第一部,上海译文出版社,2007年。——译者

布达佩斯瓦罗斯利基特公园的早期风景照,1880年特斯拉在这个公园产生了交流电的顿悟。

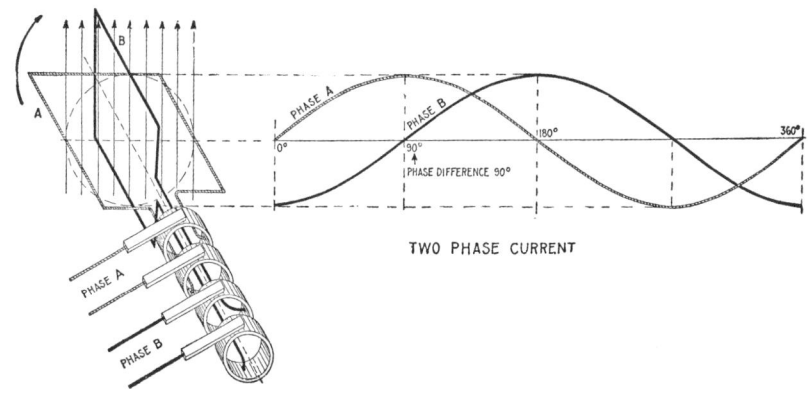

《霍金斯电气指南》中的图,表现了"跳舞的"双环交流发电机和双相交流电的波形。

在特斯拉的可视化思维中,两个磁场相互围着跳舞,就像是在跳西班牙弗拉曼柯双人舞——嫉妒而热情,排斥又吸引——使转子(旋转的轴)产生运动。在这里,你可以把一些东西附到轴上以工作:锯条、滑轮或轮子。

旋转磁场的概念起源于交流电系统——可以远距离输送电力却只有很小的能量损耗。与之形成鲜明对比的是直流电,只能有效地传输几个街区,远距离输送时就会有大量的能量损耗。特斯拉意识到,磁场可以像双环呼啦圈一样强有力地相互作用,并驱使轴转动。这在工程上可以等同于巴赫(Bach)、莫扎特(Mozart)、贝多芬(Beethoven)和勃拉姆斯(Brahms)的作品——唯一不同的是,音乐感动的是音乐厅里所有观众的灵魂,而交流电能驱动大街上的电车运行,使机床嗡嗡运转,电力文明将能够制造更快和更便宜的东西。

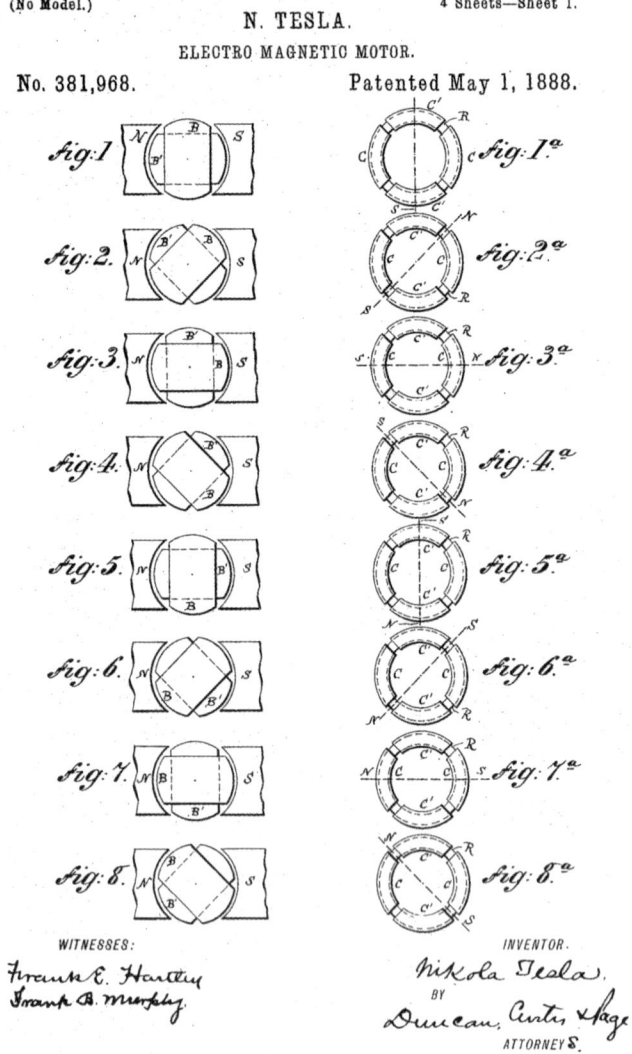

特斯拉的可视化旋转磁场,见于特斯拉的1888年交流电电磁感应电动机专利图。

正如卡尔森所观察的,特斯拉可以在思维中将机械、文字内容融合并转化为视觉信息:

> 借用歌德的意象,感应电流是无形的翅膀,它会带动转子使其旋转……特斯拉择做的却相反:与其改变转子的磁极,为什么不改变定子的磁极? ……如我们现在看到的,这种不愿意墨守成规——特立独行——的特点正是特斯拉作为发明家的标志之一……也许当他在思考歌德关于日落日升的意象时,就产生了这样一种使用交流电的直觉。

一个人的诗句如何整合成一个想法并打开一个充满可能性的世界,这正是创造性心流的支点。由此,**隐喻变成了发明**,文字转换成了机器的示

德国艺术家施图本劳赫(Hans Stubenrauch,1875—1941)的绘画,描绘了在康德的《浮士德》中主人公学者在寻求无穷知识之前大地精神的显现。

意图。

这样的奇迹每天都在发生,尽管这一天几乎奠定了20世纪大胆创新的技术基础,今天它以如此多的形式存在,你都注意不到它是随处可见的了。不过,特斯拉的想法还需要几年时间才能成为现代电气系统的基石。

当我第一次整理和分析FBI关于特斯拉的文件时,并没有看到对他创造过程的揭示,而这个问题吸引我远超于他是否制造了大规模杀伤性武器。我想更多地了解特斯拉是如何思考的,他的想法是如何发展的,以及他是如何克服困难的。特斯拉有很多的阻碍需要克服,其中一些是他心目中的一位英雄造成的:这个人不是别人,正是爱迪生。

特斯拉式的行为 ❸ 尝试可视化

你需要像特斯拉那样拥有丰富的心理经历来引导自己的想法吗？虽然我们一直在寻找顿悟，期望在某个时间点问题的破解。正如卡尔森所指出的，发明家有两面：想象力主导的"狂热"面和严谨分析主导的"紧张"面。特斯拉在发现旋转磁场的过程中妥善利用了这两面的特点。

图像以各种形式出现——有一些是痛苦的——并且它们是可以控制的。正如我之前提到的，特斯拉能够将这些无意出现的闪光导向他的"心灵之旅"，这种"心灵之旅"会带他去往其他地方并培养出他的想象力。随着时间的推移，特斯拉开始更直接地将思维集中于工程概念，发展出一种对这些精神现象进行特殊控制的能力。在他放松地进入"心流"状态时，就会有真实的突破发生，他甚至能在头脑中旋转物体和清晰地呈现图样。

如何进入心流状态？对有些人来说，可以是音乐或艺术；对另外一些人来说，可以是保龄球、桥牌或编织，它同时需要身体和心灵的活动。世界上有数十亿人通过参加宗教活动进行信仰或精神的实践。当然还有瑜伽、太极、武术、游泳、跑步或是在大自然中散步。人类体验的无限多样性提供了难以计数的体验心流的方式。关键是要做一些积极的事情，并全力以赴地投入其中（看有线电视或发短信可能不行）。

一次，我的脖子抽筋得很厉害，感觉就像有人用赶牛鞭抽了我4个小时，我就用引导意象的方法来缓解紧张的痛苦。我想象着自己在哥斯达黎加海岸外的太平洋上冲浪，这是我几年前享受幸福的家庭度假时，最后那几天做的事。当我从雨林中走出来时，听到了蜘蛛猴的叫声，然后我沿着粗糙的火山沙跑进海浪里。在身体冲浪时，你用身体作为冲浪板，让海洋的涌浪把你托起来，然后把你推到海滩上。我感觉到温暖的海水抚摸着我，我随着波浪涌上岸边，最终落在柔软的沙滩上。

因为难忘的经历总是与图像、声音、气味和其他感官联系在一起，所以你不仅可以用它们来消除不愉快的情绪或感觉，还可以用它们构想创造性的解决方案。第一章曾提到，特斯拉可能有一种不寻常的能力，称为联觉，一种混合感官经验的能力，这在富有创造力的个体中很常见。不管你是否具备联觉这种能力，当需要创造事物，包括写散文或作诗，感官形式有意识的交叉是非常有用的。在我写作之前，我会用"思维之耳"听将要写下的词句，我用听觉中枢作为一个车床，把我的经历重新加工成一篇散文（理想情况下）。

当你要做一些有挑战性的事情时，想想特斯拉把他的困难处境转换成一段段小历程。你也可以这样做。在特斯拉式的行为1中，鼓励省思你的生活经历、个性和目标。现在，用那些关于你自己的记忆和见解去创造一些新的东西。作为练习，当你感到完全处于平静状态的时候，就你生活中的某一刻，在大脑中画一幅生动的画。你在做什么？你周围的环境是什么？要想到气味和声音。

现在，想象一些你想做的简单的事——例如，食谱、艺术项目或体育活动——然后问问自己：

◆ 当你做的时候它是什么样子的？
◆ 你感觉如何（我希望是好的）？
◆ 有什么与之相关的气味、声音或手感？
◆ 如果你在创造东西，它会是什么样子？你能在大脑中把它画出来吗？让它动起来？旋转一下？

如果你全神贯注，你会惊讶地发现你的大脑能产生怎样的虚拟现实，即使没有任何电脑的帮助。

第四章
从布拉格到匹兹堡：
漂泊的电气工程师

尽管爱迪生对推动技术进步作出了很大贡献，但他的发明没有一项在现代社会中具有重要地位。他的白炽灯正在迅速被取代。然而，现在还没有任何可以想象的东西会取代特斯拉的交流电动机，它是现代世界的一个关键要素。

——柯尔（Robert Curl），
诺贝尔化学奖获得者

章首图
1912年的《大众科学》（*Popular Science*）中的这幅插图想象了未来的电气化城市，所有需要电力的设施都由远程的手柄操作控制。

伴随着大脑中旋转磁场运行的清晰图像,特斯拉完全沉浸在物理学和工程学的神秘世界里。他想要与人分享他的想象,但身处美国文化与金融中心的爱迪生正声名鹊起、享受着白炽灯的制造和推广带来的胜利时,身处东欧的特斯拉却正在夜间赌博,在白天跟别人解释自己的交流电动机原理。

特斯拉早年在奥地利格拉茨理工学院学习时,一边读着伏尔泰的著作,一边摆弄着格拉姆发电机——一种发电机和电动机的混合体。这种发电机很不好用,噼啪地冒火花,搞得特斯拉很心烦。他觉得更好的设计应该是去掉产生火花的换向器电刷,对此他深信不疑,还同他的老师珀施尔(Jacob Poeschl)教授就此进行争论,珀施尔专门上了一节课来讲为什么特斯拉的想法永远无法实现,把特斯拉好好羞辱了一番。

"或许,特斯拉先生以后一定会大有作为,"珀施尔说,"但他肯定做不成这个,这就好比要把像重力一样恒定的拉力转化成持续旋转的力。这是一种永动机构想,是不可能实现的。"

然而,旋转磁场充满诱惑的美对特斯拉来说是直观的;它是一个闪闪发光的形象,就像亚瑟王传说中的湖中女神,在召唤着他。正如特斯拉在自传中所说:

> "直觉有时可以超越知识。毫无疑问,我们头脑中有一些纤细的神经纤维,可以帮助我们感知真理,这是逻辑推理或者其他任何主观努力都做不到的。"

虽然特斯拉当时没有反驳珀施尔,但他一直存在反叛意识。就像当初违抗父命拒绝当牧师那样,特斯拉迷上了赌博,也花大量的时间阅读歌德和伏尔泰。特斯拉不信服老师,确信自己对交流电动机的构想。他琢磨机械上的细节:电动机运行时看上去是什么样?磁力线如何像工作的织机一样来来回回穿梭?如何把电动机和发电机的功能组合在一起,像一根根能量线一样传递电子?起初,特斯拉认为这些工程问题是"无法解决"的。

1878年，特斯拉没有告诉父母便辍学离开了格拉茨，朋友们以为他在穆尔河里溺水身亡了。实际上，特斯拉搬去了附近的马里博尔（今在斯洛文尼亚境内），在那里，他白天做绘图员的工作，晚上在一个叫"快乐农夫"的酒吧里赌博。然而不到一年，特斯拉就因"无业游民"身份被捕，被遣送回老家戈斯皮奇。

1879年4月，特斯拉的父亲因病去世。次年1月，特斯拉带着舅舅给他的钱大胆地去了布拉格，但他没有赶上大学开学的时间。当时，布拉格可称是奥匈帝国的一颗璀璨明珠，这座波希米亚的首都处处体现着巴洛克式的辉煌，各式各样的穹顶建筑和闪着银光的多瑙河让城市大放异彩。

比利时发明家格拉姆（Zénobe Gramme）于1871年设计的格拉姆发电机是第一台工业上用于发电的机器。照片显示了19世纪70年代用于实验室的手摇式模型。

"这个古老而有趣的城市的氛围很适合发明，"特斯拉回忆道，"匈牙利的艺术家很多，你随处都能找到聪明的同伴。"但特斯拉没有在布拉格久留，因为他对上学费用给家里带来的经济压力感到内疚。1881年，特斯拉申请到在布达佩斯的一份工作，在欧洲首批建立的一个电话交换局当电话员，由于不是立刻上岗，于是他先去了布达佩斯中央电报局，做绘图员的工作，可能薪水微薄。不管怎样，这是一个聪明的选择，为他日后到纽约的爱迪生机械厂工作打下了基础。尽管工作乏味收入又低，特斯拉还是对他在布达佩斯的经历心存感激：

这是一张1880年的明信片,马里博尔位于斯洛文尼亚的德拉瓦河岸,特斯拉1878年从格拉茨理工学院退学后就住在这里。

"当不自主的倾向发展成为一个强烈的愿望时,一个人就会穿着七里靴①向着目标快速前进……在这份工作中我学到的知识和实践经验让我受益匪浅,它还给了我各种锻炼发明能力的机会。"

在布达佩斯工作期间,特斯拉的数学知识和系统设计技能给上司留下了深刻印象,因而他在1882年秋被推荐到巴黎工作。虽然新公司并不是很棒,个人发展也没有太大前景,但它提供了一个机会,让特斯拉可以最终跨越大西洋到美国去。

特斯拉于1882年加入的欧陆爱迪生公司(The Continental Edison company)实际上是爱迪生旗下在欧洲的子公司,由干练的英国人巴彻勒(Charles Batchelor)管理。巴彻勒为爱迪生所信赖,既是执行官、工程师、排除技术故障能手,也是爱才的伯乐。巴彻勒喜欢从这个年轻的塞尔维亚小伙子身上看出来的特质,特斯拉工作勤奋,在尝试以更好的放大器改进那些

---

① 欧洲童话故事中有特殊能力的靴子,穿上它可以快速前进。——译者

巴彻勒,特斯拉的一位早期支持者。

音量小的爱迪生电话。那个年代,爱迪生的电话受到技术问题困扰,经常出故障,甚至着火,像巴彻勒这样的雇员更像是修理工,而不是高层的工程师。当巴彻勒意识到特斯拉的才能全面,他便派特斯拉到法国各地去修理那些有缺陷的爱迪生电话。

特斯拉喜欢巴黎,享受这座光之城的奢华。每天早上,只要天气允许,他都会去塞纳河,跳进水里,横渡游27个来回,然后步行一小时到公司所在地塞纳河畔伊夫里的办公室。晚上他会和同事一起打打台球。特斯拉回忆道:"我当时过的这种劳碌生活,放到现在就是所谓的'罗斯福生活方式'。"

1883年,特斯拉前往阿尔萨斯地区的斯特拉斯堡,去修复一个火车站短路了的照明设备。事先一位公司负责人许诺,如果他修好设备,就会得到一笔奖金。特斯拉观察到:"在那个古老的城镇,杰出的品质像细菌一样存在着。"设备运行起来,斯特拉斯堡市长为特斯拉的技能折服,他为特斯拉安排了一个机会:向城里的有钱人宣传他的交流电动机,这些人为特斯拉的样机投了一些钱,样机在1883年初的展示相当不错。然而,阿尔萨斯地区还没准备好接受这个将会照亮整个世纪的技术,于是特斯拉回到巴黎,上面告知他得不到那笔奖金,而且他应停止兜售交流电动机的梦想。

巴彻勒对特斯拉既钦佩又觉得可惜,他想到一个主意,推荐特斯拉去纽约直接到爱迪生的手下工作,当时爱迪生急需一位技术拔尖的修理工。对特斯拉来说,这简直就像是邀请他上奥林匹斯山为宙斯(Zeus)效力一样,他

这张由科拉尔（Hippolyte-Auguste Collard, 1811—1887）于1883年拍摄的照片显示了横跨巴黎塞纳河的苏利桥，特斯拉年轻时每天都去塞纳河游泳。

一直梦想着能向爱迪生推销交流电系统，想象爱迪生不仅可以给自己以祝福，而且也会给他一些没有准备用在欧洲的东西——那就是，通过爱迪生的品牌价值进入拥有无尽财富的摩根集团的大门。

珍珠街的瑰宝

19世纪80年代，纽约逐渐展示出的创新力量主要集中在曼哈顿下城这个资本和创新的世界中心。华尔街是当时J·P·摩根及其由寡头政治家、跟随者、金融家组成的关系网的所在地。仅隔几个街区是爱迪生位于第五大道下半段的办公室，也是他的团队工作的地方，在电灯事业起飞后，团队从新泽西的门洛公园搬来纽约，之后这里便以爱迪生机械厂闻名。

特斯拉在旅途中被人偷了船票，丢失了大部分钱和行李，但他还是想办法跨越了大西洋并通过了美国的移民关卡。当他在1884年6月6日抵达纽约时，口袋里只剩下4美分。那时正是法国送给美国自由女神像的前一年，特斯拉所看到的纽约，满是无序和丑陋。纽约没有在布拉格和布达佩斯所见那种庄严的穹顶建筑或宫殿。纽约的天际线低矮，呈锯齿状，到处冒着煤烟。电线悬挂在曼哈顿下城的街道上，就像密集而多瘤节的丛林藤蔓，它们常会断裂，随时可能发生爆炸。高电压通过电线点亮城市的弧光灯——这种照明光线刺眼，让人很不舒服，且能效低，盯着它看久了可能会失明。

弧光灯是当时照亮大空间的最佳选择，它是法拉第的导师汉弗莱·戴维爵士在19世纪早期发明的一项技术。在公寓和办公楼内使用的是煤气灯，火焰摇曳，光照偏暗。因为电弧照明太亮，不适合室内使用。煤气本身是一个更大的威胁。当火焰熄灭时，煤气可能使人窒息或造成灾难性的爆炸和火灾。包括爱迪生在内的所有人都不看好煤气照明。

爱迪生渴望通过用安全的白炽灯替换煤气灯，把煤气灯公司逐出商业市场，但他仍有一些很大的障碍要克服：怎样不仅把电力高效地传送到整个

爱迪生机械厂，位于曼哈顿下城的戈尔克街，1881年。

城市,又能远距离传输直流电不损耗? 当特斯拉拿着巴彻勒的推荐信,走进爱迪生的办公室作自我介绍时,他的大脑中已经有了这些问题的答案。

在见爱迪生之前,特斯拉很可能先见了英萨尔,后者是爱迪生的年轻秘书兼商务经理,帮助爱迪生打理杂乱的商业事务。像特斯拉一样,英萨尔也是受巴彻勒的推荐来到纽约的,此前他管理过爱迪生在伦敦的办公室。英萨尔比起特斯拉来更穷困;他的父亲是贫穷的伦敦奶牛场工人,也是一个戒酒巡回传教士。对特斯拉来说,英萨尔身上的一些特质一下吸引了他。两人在组织和沟通方面都有出色的技能。

英萨尔长得很敦实,有一双明亮的眼睛,虽然他基本没有受过教育,滴酒不沾,也不赌博,但他是一个高效的多重任务的实干家和组织者,他为爱迪生混乱不堪的业务引入了秩序,使机械厂、电灯公司和其他业务都逐渐步入正轨。英萨尔也是公认的超级工作狂,甚至超过了爱迪生。英萨尔此后与特斯拉保持了终生友谊,后来他在回忆录中称赞特斯拉"属一流的非常伟大的贡献"。如果英萨尔当时有一笔资金,并理解了特斯拉的交流电技术,他必定会很乐意支持特斯拉开发他的系统。

特斯拉来纽约正是时候,当时爱迪生正在设法维护曼哈顿下城金融区的照明。爱迪生想通过安装照明买通一些对他来说很重要的公共关系,需要安装的不仅有摩根的办公室(在纽约证券交易所对面),还有《纽约时报》的新闻厅,因为两年多前该报曾在爱迪生的珍珠街发电站启用时发过赞美文章。

特斯拉身高近6英尺半,脸颊轮廓分明,深色头发,衣着优雅。当特

特斯拉在纽约,约1885年。

一幅1886年的石版画,描绘了纽约市百老汇街区密集的电话线、电报线和电力线以及某些危险的缠结。

第四章　从布拉格到匹兹堡　　83

1888年,爱迪生在他位于新泽西州奥兰治的实验室里听蜡筒留声机。

斯拉从码头走到爱迪生的办公室,站在爱迪生面前时,他看起来一副贵族气质。而爱迪生则是灰头土脸、耳朵半聋的美国中西部好斗者,几乎没有受过正规教育。爱迪生看了巴彻勒的推荐信,忍不住对特斯拉产生良好印象,但他不想让特斯拉太得意。爱迪生对特斯拉的新电力系统不感兴趣,他直率地说出看法,他需要的是技术棒的修理工——一个能修好经常短路的发电机的人。那些有钱的客户正烦躁不安,因为他的直流电系统没有像宣传的那样可靠。如果不能保证电灯持续照明,爱迪生的资金来源就会枯竭,而资金不足是爱迪生公司长期存在的问题。

特斯拉开始工作,接手的任务之一是修理"俄勒冈"号(*Oregon*)轮船的照明设备。"俄勒冈"号是当时世界上最快的,也是最先拥有自己的电力照明系统的轮船。特斯拉马上赶到纽约港登上"俄勒冈"号，他要找出问题所在并让电灯能稳定地持续照明。经过几个不眠不休的夜晚之后，特斯拉完成了任务，在清晨5点走回爱迪生的办公室，当时爱迪生和巴彻勒（早已从巴黎被召回纽约）正准备回家休息。爱迪生瞪着正沿街走来的特斯拉，以为他是出去参加聚会而不是去工作。

"看啊，我们的巴黎人不知去哪里游荡了一夜。"爱迪生嘲弄地对巴彻勒说。特斯拉平静地解释了他是如何修好"俄勒冈"号轮船上的发电机的，然后像个绅士一样礼貌地脱帽致意，继续向前走去。爱迪生突然意识到特斯拉的热诚奉献，于是对巴彻勒承认，这个年轻的塞尔维亚人"真是一个好人"。

那一年，特斯拉疯狂地为爱迪生工作的时间主要用在珍珠街发电站，这是美国大城市中最早的中央发电站之一。虽然发电机经常发生故障，但珍珠街是爱迪生计划的电力帝国的中心。从19世纪80年代开始，各大城市兴建中央发电站，为街区提供电力。爱迪生不仅对灯泡收费，当时每只灯泡的价格高达1美元——这在当时是一大笔钱——而且他还对点亮灯泡的电流收费，多亏了他发明的电表。所有的城市居民都可以拥有电力——**如果**他们愿意付费。

因此，爱迪生派出像英萨尔这样的人做营销专家，到全国的各大城市推销爱迪生的直流电系统。当这些城市同意购买爱迪生的设备时，他们就运来一整套的东西——发电机、电线、路灯，以及后来的有轨电车。电车曾用马来牵引，马会习惯性地拉下大量臭烘烘的粪便，有时会暴毙在街道上，至少在中央发电站在城市兴建之前这是常态。

珍珠街和其他爱迪生工厂最明显的问题是，它们规模宏大却效率低下。发电机由连接蒸汽机的皮带轮传动，蒸汽机烧煤产生蒸汽，噪声和烟雾十分骇人。更糟糕的是，像珍珠街这样的小型发电站的供电范围只有几个街区。

直流电传送距离有限，传送太远会损失大部分初始能量。爱迪生不得不在街上挖沟埋电线，并用沥青类的材料密封，而这类材料会随季节变硬或

爱迪生珍珠街发电站的工人在纽约市的街道上铺设电线用的管道,1882年。

变软,影响电线的绝缘性能。当电线绝缘性能降低时,电流泄露常会惊吓毫无戒备拉车的马。当时能使用的电力是富人的奢侈品:摩根在他位于默里希尔的豪宅的地下室里安装了一台蒸汽机/发电机,惹得邻居们经常抱怨噪声和污染,摩根会给邻居送上几盒高档雪茄来缓解不满,而后轻松地去欧洲度假,大买艺术品。

在美国镀金时代,谁家中有电器设备就像拥有天使拉斐尔(Raphael)一样——只有摩根家族和范德比尔特(Vanderbilt)家族那样的少数精英,才能在联邦爱迪生公用事业公司为城市提供普遍电力之前,拥有他们自己的小型发电站。

1882年9月4日,珍珠街发电站正式启用,其体积之大,很像是后来的第一台电子管数字计算机。虽然是由一台工作不可靠的27吨重的"巨无霸"发电机,通过埋在街道地下的10万英尺长的电线供电,但这彻底改变了电力输送和消费的方式。爱迪生通过远距离发电站为一天24小时的安全照明提供电力,此后还接着有电机驱动机床、电暖气、电梯和各种电器应用。

特斯拉竭其所能,用爱迪生过时的蒸汽时代技术设计了"24种标准机器……取代了旧的机器"。按特斯拉的说法,"将近一年,我的正常工作时间是从上午10点半到第二天早上5点,没有一天例外。"作为一种激励,爱迪生随口说,如果特斯拉可以彻底检修珍珠街发电站,让它持续运行而不发生起火,他会付给特斯拉5万美元。在不停歇工作了近一年后,特斯拉到爱迪生那里交差并领奖金。出于刁难,抑或是被特斯拉的锐气和工程才华——爱迪生本人所不具备的品质——压倒,爱迪生用单调的美国中西部口音吼道,他不会付钱,更不用说给特斯拉真正的加薪或升职,爱迪生调侃道,"当你够格成为一个美国人时,你会欣赏美国人的笑话。"据说,爱迪生稍微提高了特斯拉的时薪,但他对特斯拉的羞辱太深了。特斯拉又气又怒,当场辞职。哪儿欣赏他的理念他就奔哪儿去,尽管当时他也不知道哪儿是他能去的地方。

脱离困境

在特斯拉辞去跟着"门洛帕克的奇才"爱迪生一起工作的工程师职位之前,爱迪生曾告诉过特斯拉关于弧光照明技术的计划,爱迪生对这一技术不感兴趣,他一直致力于直流电/白炽灯商业计划。1884年12月,新泽西州的投资者韦尔(Benjamin Vail)和莱恩(Robert Lane)找到特斯拉,想要成立弧光照明公司。特斯拉很愿意走出困境,加入这家初创企业。

很明显,弧光照明是一种过时且低效的技术,但特斯拉喜欢用自己的设计来改进它,他于1885年在新泽西州的罗韦建立了一个户外照明系统。这位发明家仍然怀着开发广泛使用的交流电技术的梦想,他成立了自己的公司——特斯拉电灯和制造公司。尽管如此,特斯拉的微薄资本不足以支撑公司,很快就被汤姆森电气公司超越,汤姆森电气公司是爱迪生的商业对手,也受到摩根的支持。意识到韦尔和莱恩除了掌握即将过时的弧光灯以外,对其他任何技术都没有兴趣之后,特斯拉离开了,手里只有没什么价值的股票。

1886—1887年,特斯拉囊中羞涩,衣着邋遢,住在一个工棚里,与一群其他欧洲移民一起,在曼哈顿下城的街道上为铺设电线挖沟,每天挣两美元。交流电的想法仍在特斯拉大脑中盘旋,并在有紧密联系的电气工程师和金融家圈子中逐渐传开。工头听到特斯拉谈论他的交流电系统,很快意识到这个工程师不属于挖沟者,是一个被埋没的人才。不过那时特斯拉已经找到了摆脱这种沉重劳动的方法,他发明了一种热磁电动机,很乐意说给工头听,工头将特斯拉介绍给了投资者艾尔弗雷德·布朗(Alfred Brown)和佩克(Charles Peck)。

布朗是西部联合电报公司的一名高管;佩克是新泽西州恩格尔伍德的一名律师,1879年投资了连接华盛顿特区和芝加哥的电报线路。他们合作创建了共同联合电报公司,成为西部联合的一个竞争对手。不久,共同联合卷入了由贪婪的华尔街骗子古尔德(Jay Gould)驱使的诉讼和股票操纵中。佩克和布朗知道如何在摩根圈子之外创业,他们需要特斯拉。

1887年4月,佩克和布朗组建了特斯拉电气公司,每月付给特斯拉250美元薪水,这在当时是一笔巨款。除了继续研究交流电动机,特斯拉还同意研发改善其他的技术。佩克和布朗给特斯拉建了实验室,希望他的热磁电动机(由热驱动)能让他们发大财。虽然特斯拉最终未能完善这一技术,但两位投资者很信任他,于是,他开始着手研发他的交流电系统。

与佩克和布朗合作,特斯拉不仅每天都在设计、摆弄和做实验;而且如果他想到一个很棒的务实的创意,他就会积极申请专利。尽管交流变压器的概念在欧洲已得到大多数意大利和德国工程师(西门子公司类似于欧洲通用电气公司)的认同——这是美国工程师密切关注的一项发展——但特斯拉想成为第一个综合完整系统的人,利用他的交流电动机,在凡是有需要的地方提供多相电流。

加入日益壮大的电气协会是特斯拉成为重要发明家的第一步。美国电机工程师协会(AIEE)是那时业界最负盛名的组织,其次是美国国家电灯协会和纽约电气俱乐部。这些都是19世纪末有抱负的人构成的"硅谷营垒",他们相互竞争。有爱迪生的人,汤姆森-休斯顿的人,还有向摩根报告的各种观察员。威斯汀豪斯——集工程师、执行官和发明家于一身——也是这个群体的成员,虽然根在匹兹堡,但他有点儿像局外人。

到1888年5月,特斯拉应邀向美国电机工程师协会介绍他的交流电系统。讲座的题目很平实:"一种新的交流电动机和变压器系统"。听众中包括才华横溢、开发过交流电动机的发明家伊莱休·汤姆孙(Elihu Thomson),他被特斯拉技术系统的深度和先进性所征服。尽管汤姆孙在演讲最后对特斯拉提出了挑战,但很明显,特斯拉的产品性能优越——去掉了令人讨厌的、冒火花的换向器。不过,出于某些原因,汤姆孙的公司没有要特斯拉的专利,这给了西屋电气一个机会。

就像与爱迪生和他的灯泡竞争一样,交流电动机出现时也引起了发明家之间的竞争。例如,一位名叫费拉里斯(Galileo Ferraris)的物理学教授在1885年制成了一个小型的交流电动机样机,但他不确定他的设计是否实用,直到1888年才公布他的研究结果。威斯汀豪斯读了费拉里斯的论文,他想弄清楚特斯拉是否有更好的设计,于是派首席电气技师沙伦伯格(Oliver Shallenberger)到特斯拉在自由街的实验室看看他的交流电动机演示。在短暂访问后,沙伦伯格确信特斯拉拥有其他所有人都想要的技术——而且它真的有效。

随后,西屋电气与佩克和布朗进行了几次紧张的谈判。最后,他们达成了任何发明家都从未获得过的最具潜在利润的交易:每台交流电动机按每马力2.5美元的专利使用费,5万美元的票据,2.5万美元的现金,并保证专利使用费将从第一年的5000美元升到此后每年1.5万美元。西屋电气的这笔交流电交易相当于今天购买了个人电脑、鼠标和显示器的所有基本配置。这样的安排有可能使特斯拉比摩根、卡内基(Carnegie)和范德比尔特几个人加起来还要富有——**如果**他的技术系统被普遍采用,并且西屋电气保持偿

特斯拉最早的交流感应电动机之一,1888年他向美国电机工程师协会演示过。

付能力的话。但有一个小条件,特斯拉起初并不反对:他必须加入西屋电气在匹兹堡的工程团队,以使他的设计投入生产。特斯拉必须成为团队的一员。

"电流之战":特斯拉对爱迪生

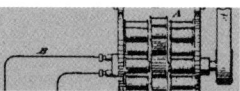

特斯拉在后来众所周知的"电流之战"中是陆军元帅。爱迪生通过所拥有的爱迪生通用电气公司,拼命试图诋毁西屋电气的交流电系统。爱迪生,这位"门洛帕克的奇才"征募英萨尔和公众人物哈罗德·布朗(Harold Brown)进行一场大规模的宣传活动,向全世界展示:与相对"安全"的直流电比较,交流电是多么危险和有害。1890年8月6日,爱迪生上演了用交流电对狗和大象等动物进行电击——令人毛骨悚然的演示,旨在展示交流电的危险。克姆勒(William Kemmler)成为第一个在电椅上被处死的人,爱迪生的反交流电战役非常成功,以至

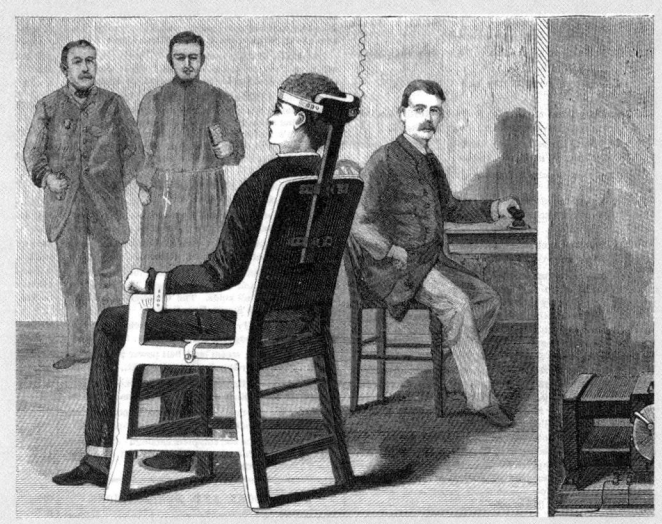

这幅来自《科学美国人》(Scientific American, 1888年6月30日)的插图描绘了新批准的死刑方式——"电椅",这是1890年8月6日利用交流电处决克姆勒的著名案例。

于他对交流电触电恐怖的描述变成了一个动词:"西屋"。

可怕的处决需要几次电流冲击,这在克姆勒的脖子后面产生了蓝色火焰,点燃了他的衣服,并产生烧焦的肉臭味。克姆勒没有立即死亡;根据琼斯(Jill Jonnes)在《光电帝国》(Empires of Light)一书中的说法,克姆勒实际上一直在被"烤"。目击者惊骇不已,其中一人晕倒了。在电刑之后联系有关方面评论时,西屋电气打趣说:"他们本可以用斧头做得更好。"

在西屋电气任职期间,特斯拉是发明的旋风,而西屋电气的工程师则完善他的交流电系统以便大量销售。尽管特斯拉被召到匹兹堡启动多相交流电项目,但他对待在那里几乎没有兴趣,因为那里有许多钢铁厂,城市笼罩在一片阴霾中。

特斯拉过着顾问的奢侈生活,但他仍渴望回到纽约的小实验室,在那里进行高频电流实验。在这个过程中,特斯拉发明了以他的名字命名的线圈,这种线圈可以将电压放大数千倍,产生的电子束可以穿过房间。虽然特斯拉线圈在西屋的电气计划中没有实际用途,但它成为其他实验的基础。

比起在曼哈顿下城实验室的追求,特斯拉放弃了很多想法,显然他偶然发现了后来所称的X射线,但他继续研究自认为比"辐射能"更重要的东西。正是在那些日子里,特斯拉相信,不用电线也可以按一定的频率传输电能,他在圣路易斯展示了这种效果。特斯拉的"无线发射机"示意图(他申请了专利,但没有开发)被年轻的意大利发明家马可尼(Guglielmo Marconi)看到了。

努力筹集资金,将特斯拉的交流电系统出售给欧洲城市的西屋电气正面临生存的巨大困难。除了摩根旗下的公司,西屋电气虽然拥有

这张照片来自1895年4月出版的《世纪杂志》(Century Magazine),显示了在特斯拉的实验室进行实验时,一个大型特斯拉线圈在电容器两板之间产生的电火花。

卓越的系统,但能吸引到扩展全球的资金的前景非常渺茫。其最大的竞争对手是汤姆森-休斯顿,该公司也采用交流电,盈利丰厚,在稳步形成制造规模。

至少根据摩根的说法,这个行业中处于弱势的是爱迪生通用电气,那时正由金融家维拉德(Henry Villard)领导,此人是德国出生的铁路巨头,也是摩根的朋友,他想利用德意志银行的德国资金扩大爱迪生的业务并将其资本化。摩根一直专注于控制和整合,以减少或消除同他所持股份的竞争,他有一个更简单的计划:整合汤姆森-休斯顿与爱迪生通用电气。这样一来,西屋电气就要同一个巨人竞争。

最早的交流电应用之一是在科罗拉多州特柳赖德小镇的落基山脉高处,远离纽约资本和创新的中心。矿业金融家努恩(L. L. Nunn)希望用电力开采金矿,因此他资助了一家水力发电厂,为大坝和发电机的运行提供资金,在1891年春天将交流电送到了3英里远的他的矿井中。上面的照片显示了位于科罗拉多州奥弗雷附近的努恩水力发电厂的厂房内部。虽然特斯拉的系统后来在芝加哥和尼亚加拉大瀑布引起了全球关注,但这个小规模项目吸引了那些观看激烈的西屋电气—爱迪生"电流之战"的人们的注意。

特斯拉:局外人

正如特斯拉几年后承认的那样,尽管他最终可以自由地发展他对交流电的愿景,但要使他的技术与西屋电气的需求相兼容,他还需要应对一些重大挑战:

> "我的系统基于低频电流的使用,而西屋电气的专家采用了133周的频率,目的是确保转换中的优势……我必须集中力量使电动机适应这些条件。另一个必要条件是制造一种以这个频率用两根电线能高效运转的电动机,这并不容易做到。"

尽管如此,特斯拉坚持了下来,他与西屋电气团队的合作产生了一个电力系统,比为他的前雇主设计的电力系统更有力也更实用。

西屋电气公司(位于匹兹堡)1888年产品目录广告及其革命性的交流电系统。

最后,爱迪生基本上被特斯拉与西屋电气的合作丢在一边,这可能激怒了爱迪生,尽管他已经派英萨尔到纽约的斯克内克塔迪,开始建立庞大的制造帝国(后来成为通用电气)。随着摩根对公司的控制越来越紧,并意识到直流电正逐渐过时,爱迪生的突破性创新很快乏力。此外,尽管英萨尔恳求爱迪生投入生产交流电设备,但爱迪生还是把大赌注错押在了他的直流电系统上。而特斯拉——爱迪生曾经羞辱过的人——正走在他那创造20世纪的道路上,尽管也有一些不可预见的失误。

身处19世纪80年代末和90年代初的特斯拉是很容易被解雇的,因为他与爱迪生、摩根,以及那些就如何生产和传输电力有激进想法的电力"权势"对着干。在每个文化领域,新思想很少会被顺利接受。正如《特斯拉——电力奇才》(Tesla: The Wizard of Electricity)的作者肯特(David Kent)所指出的:

> 他的许多想法看起来不切实际,甚至是妄想或非理性的……还有,也许所有伟大的发明家之所以成为伟大的发明家,是因为他们愿意让自己的远见洞察超越理性。爱迪生、特斯拉和几乎所有其他人都是走过许多弯路后才找到了通往未来的大道。

最具讽刺意味的是,几十年后特斯拉获得了爱迪生奖章,以表彰他早期在交流电方面的工作。就像特斯拉的许多文件一样,这枚金质奖章后来据说失踪了,这是我在FBI查阅文件时发现的。

特斯拉式的行为 ❹ 胸怀壮志

特斯拉除了天赋异禀和对物质世界充满好奇外,他也因孜孜不倦地工作而闻名。正如他自己坦言的:"我被认为是最勤奋的工人之一,如果思考等同于劳动的话,或许我是,因为我几乎把醒着的时间都用到思考中去了。"显然,这是特斯拉与他的务实、极富创造力的母亲共同拥有的一种品质。母亲在克罗地亚乡下从早到晚不停地劳动。事实上,作家格拉德威尔(Malcolm Gladwell)在研究了近代史上一些最成功人士的职业生涯后指出,那些"成功"的人士在自己的事业上至少投入了1万个小时。例如,披头士乐队在他们录制最具开创性的歌曲之前,曾在汉堡俱乐部通宵达旦地演出。类似地,特斯拉在成名之前,他必须真正地进到沟里,干一些筋疲力尽的普通电工活。在为爱迪生工作时,特斯拉每天要工作18个小时。

要想把事做成功,你需要了解必要的"摸到门道"。是什么工作不重要——不管是做音乐还是设计火箭:所有复杂的知识系统都需要你开发技能和大量的实践知识。实践经验对于获得其他人的支持和投资至关重要,这些人可以帮助你提升或获得名声。特斯拉非常明智地将自己置于争取成功的恰当环境中。在恳求父亲送他去理工学院后,他从格拉茨转到文化氛围浓厚的布拉格,然后又到了国际化的大都市布达佩斯,在那里找到了令人满意的工作,并在著名的爱迪生的影响下为巴黎和纽约的工作做好准备。除了在这些大都市积累重要的实践知识外,特斯拉还与其他知识分子、艺术家和工程师交往,这促进了他关于电力的非传统观念的成熟。

从底层开始从来都非易事——它可能对自我造成伤害,对身体造成负担,而且极其耗时。你可能不得不讨好一些你不是特别喜欢的人。在某些行业,当你刚开始入行时,你可能不得不干一份没有酬劳或酬劳很少的工作。当我是一名初出茅庐的记者时,我被派往最穷的社区采访市议会会议。你得通过经验和与掌握技能的人相处来积累知识,寻找导师是这个过程的关键部分。我身边通常有老编辑和记者告诉我所需要的是什么——以及应避免的是什么,这就是为什么实习和学徒仍然存在的原因。走出这个世界,让自己成为那些分享你的目标或具有你想拥有的专业知识的人群中不可或缺的一员。花点时间来了解什么有效,什么无效,不论其是否与技术问题或客户关系有关。以下几个问题可以指导你制订创意策略:

◆ 什么样的技能会让你在自己的领域中占有优势,或者让你的产品或创作在市场上优于其他人?

◆ 在你的领域里,谁是最好的个人或公司,他们拥有什么样的技术、培训或创造性的哲学,你可能想要获得?如果有机会,你会问他们什么样的问题?

◆ 是否有任何"中心"——特定的城市或社区——那儿有与你的目标或价值观相似的人或公司?

◆ 想想从现在开始的一年、五年和十年之后你想成为什么样的人。为了在每一个时间段内实现你的目标,你必须完成哪些事情?是否需要学位或证书?搬到一个新城市有意义吗?

◆ 你的努力有哪些不好的方面?你准备好承担了吗?如果没有,你有把它们委派给别人的计划吗?你愿意承担哪些风险?

◆ 你需要什么样的资金或投资来实现你的目标?你有获得它的计划吗?

第五章
电之奇才：
特斯拉的光秀

随着矩形鼓起的线包起舞——
时近时离中心跳霍拉舞，
对称而有规律不停地跳，
仿佛生性自律的狂舞者。

快速的力量驱动机轴，
受着无形的卷须驱迫，
在金属缸内喜庆欢歌——
无法抑制持久不息的喜悦。

——本书作者

章首图

图中特斯拉做了个小表演，手持燃烧瓶却毫无灼伤。见《皮尔逊杂志》(*Pearson Magazine*)文章《西方新奇才》(The New Wizard of the West)（1899年5月）。

特斯拉穿着厚实的软木底鞋,站起来近7英尺高,他走上芝加哥世博会的舞台,用魔术师深邃的神秘目光注视着观众。然后,舞台后面的开关被合上,接通25万伏的电压,特斯拉消瘦的身体霎时变成了一根光棒,电火花从他的指尖流出。由于绝缘鞋之故,特斯拉毫发无伤,效果极具戏剧性:非尘世所见——超级华丽——展示了电的威力。当这个节目与特斯拉的旋转"哥伦布蛋"一起组合表演时,更是惊艳了世博会观众,堪称世界级奇观。

特斯拉为了让佩克和布朗相信他的交流电理念值得投资,特地玩了一个后来闻名世界的小魔术:他制作了一个能让铜制的蛋竖起来的装置。其创意很可能来自关于哥伦布(Christopher Columbus)的传说:当年为了说服伊莎贝拉(Isabella)女王支持他开辟新大陆的航程,哥伦布设法将鸡蛋竖起来,他的计策是轻轻磕破鸡蛋一端。而当特斯拉重演这一幕时,不见人手施力,铜蛋就在圆盘上转了起来,旋转磁场正是看不见的手。特斯拉如愿得到了资金(同哥伦布一样),并在几年后重玩这个把戏,把他的技术演示给数百万人看。2011年,特斯拉原创的哥伦布蛋装置从它的永久安身之所(贝尔格莱德的特斯拉博物馆)来到芝加哥巡展,我有幸目睹,为它朴实无华的魅力惊叹不已。

在芝加哥世博会上,特斯拉完全变成了魔法的代名词——一个身上冒火光的神话人物。他身穿高雅的黑色燕尾服,像一尊雕像稳稳站立,双手指尖迸发出电火,这位英俊的科学家表现出了奥林匹克英雄的气质。更重要的是,特斯拉将他的展示技巧推向了新阶段。这个原本在实验室做的小实验现在成了千万人观看的演出,这些观众从未见识过交流电的威力。特斯拉不仅发明了交流电系统,而且真实地展示了它的力量。特斯拉与他掌控的电力浑然一体。

特斯拉通常都是独自进行研究,而后与他的几个助手一起制作,佩克和布朗说服特斯拉集中精力完善他的创见。作为投资者和企业家,他们需要一些有影响力的人来看看这位发明家必须提供些什么。这方面的努力没让佩克和布朗失望:特斯拉不但能通过可视化图像、数学公式描述,加上制作

在1893年芝加哥世博会上,西屋电气展示了一枚特斯拉创制的"哥伦布蛋"。

模型来综合体现他的思想;而且他还是个公众人物新秀,善于宣传自己的发明,吸引世人的关注。到1893年,这位低调内敛、博学多才的发明家正在拥抱他内心的巴纳姆(P. T. Barnum)①,渴望成功销售他的电力系统。

在1893年芝加哥世博会所有的展示中,特斯拉的表演肯定激发了超过2700万观众的想象力。不过,特斯拉并不是连轴转的表演,他在黄金时段销售他的多相交流电系统,而站在他背后的是西屋电气制造帝国。在这次博览会上,西屋电气展示的高效实用的交流电系统只是公司的部分产品(尽管是小规模),西屋电气以此直接与爱迪生的通用电气争夺20世纪电力操作系统大奖,而通用电气主推的是一种小型方尖碑塔状灯泡。

最终,这届博览会在交直流电大战中结束。由于资本萎缩和美国经济

---

① 巴纳姆(Phineas Taylor Barnum,1810—1891),极具争议的美国营销大师。少年老成的他很早就显露出营销天赋,年仅12岁就贩卖彩票。25岁进入娱乐业,几经沉浮,创造了多个营销神话。所经营的"巴纳姆和贝利马戏团"是19世纪美国最受欢迎的马戏团,号称"全球最大的马戏表演团"。巴纳姆还喜欢利用报纸大做宣传,不断引起世界关注。——译者

低迷,西屋电气在财政上陷入危机,这个匹兹堡巨人需要找一个可卖出交流电系统的大项目。国会议员、参议员和工业界巨头都十分关注。

更为重要的是,各大城市的市长都急于发展城市电车,安装街道照明,消除刺眼的弧光灯和不安全的煤气灯,他们渴望见证能点亮25万个灯泡的优势技术。其中,芝加哥将是最主要的受益者,并不只是因为它主办了世博会和吸引了几千万观众,而是因为涌现的技术创新使它以及其他几百个城市可以变得更安全,更宜居,也更文明。

芝加哥世博会园区的设计者是著名城市规划师、建筑家伯纳姆(Daniel Burnham),还有极富传奇色彩的景观设计师、纽约中央公园的设计者奥姆斯特德(Frederick Law Olmsted),两人合作把世博会打造成了"白城"①,但真实的芝加哥大部分地区仍处于肮脏、疾病和贫穷之中。此前,爱迪生和西屋都许诺给芝加哥带来电灯照明——遍及城市各个角落——改变19世纪昏暗的煤气灯和脏污的现状。1893年,这座世界上发展最快的城市在庆祝哥伦布"发现"美洲大陆400周年(哥伦布的功绩受到争议,也被怀疑,加之引起的种族灭绝,以至于今天很少有人想到会为之举办一次世界博览会)。

1894年《纽约世界报》的图片,特斯拉全身放射出电光。

芝加哥像凤凰涅槃一样,从20年前的大火灰烬中重生,到1893年全力再造新城区。伯纳姆和奥姆斯特德承担了光荣使命,在距市区大约7英里远

---

① 1893年芝加哥世博会因建设工期紧,除美术馆等少数建筑外,其他展馆大都是用木材做骨架,用灰浆、水泥和黄麻纤维混合涂成外表,再加雕琢,统一刷成白色,形成一片白色建筑群。"白城"由此得名。——译者

在1893年芝加哥世博会上,西屋电气与竞争对手通用电气的展台相邻,西屋电气打出的广告是"特斯拉多相交流电系统"。

的一片低洼沼泽地建造一片宫殿群,这对全世界来说预示着一个壮观、奢华和效率的新时代开始了。这届博览会以巨大的摩天轮(世界上第一座)和数以百计的表演为特色,装点着便捷的水道、电动船和有轨电车,以及新古典主义风格的建筑——是即将步入现代的世界所举办的最大的展会。

芝加哥世博会是一座梦幻之城,一平方英里范围内拥有200多座建筑,这是伯纳姆和奥姆斯特德两人所构想的"城市美化"运动的一部分,该运动强调大尺度规划,景观空间开阔,并兴建看上去像是从希腊或罗马移植而来的建筑。

拿芝加哥的过去和现在比,可以说是尖锐的对立。随着理想化的城区在芝加哥南边出现,老城的环境污染愈发凸显,自从芝加哥河作为开放的下水道直接流进密歇根湖,作为城市水源的密歇根湖便长期被生活废水和屠宰厂的排放所污染。冷酷无情的工厂无时无刻不在污染空气和水源。牵引旅客列车的蒸汽机车喷吐着煤烟,隆隆驶入市中心的车站,城里街道上满是烟灰和马粪。快速增长的人口中近80%是外来的,成千上万的移民工人如辛克莱(Upton Sinclair)的小说《屠场》(The Jungle)描写的那样,在填满这座城市的危险的磨坊和工厂里干活,要跟霍乱、斑疹伤寒和肺结核作斗争,工人的平均寿命很短。英国作家吉卜林(Rudyard Kipling)[①]到芝加哥访问,没待多久就急着要离开,他说芝加哥是"野蛮人住的地方"。

不过,芝加哥也有别样的魅力,如同脸蛋脏衣服破旧的小姑娘,却是天真无邪的,这个小叫花子精神抖擞,有志要干大事业。

当世博会在芝加哥举行时,芝加哥大学建立刚三年,它邻近白城的大道乐园,最终成为无数诺贝尔奖得主的家园。这所大学希望自己处处皆与城市不同:良好的教育、信息灵通、追求卓越和世界一流。

新芝加哥成为鲍姆(L. Frank Baum)的小说《绿野仙踪》中奥兹国的现实版。怀抱梦想的年轻人,如赖特(Frank Lloyd Wright)[②]、达罗(Clarence Darrow)[③]、桑德堡(Carl Sandburg)[④]和德莱塞(Theodore Dreiser)[⑤],都在这座翡翠城里打拼过。女性如简·亚当斯(Jane Addams)[⑥]和艾达·B·韦尔斯

---

① 吉卜林(1865—1936),英国小说家、诗人。主要作品有诗集《营房谣》、《七海》,小说集《生命的阻力》和动物故事《丛林之书》等。1907年凭借作品《基姆》获诺贝尔文学奖,是英国第一位获此殊荣的作家。——译者

② 赖特(1867—1959),美国著名建筑设计师。曾师从摩天大楼之父、芝加哥建筑学派代表人沙利文(Louis Sullivan),后自立门户成为著名建筑学派"田园学派"的代表人物,代表作有建于宾夕法尼亚州的流水别墅(Falling Water House)和芝加哥大学内的罗比住宅(Robie House)。——译者

③ 达罗(1857—1938),美国历史上著名的辩护律师。1888年到芝加哥发展。1894年西北铁路公司大罢工,达罗为劳工辩护成名。以后在多起案件中都坚定地为劳工辩护,或是为受压迫的人辩护,由此获国际声誉。——译者

④ 桑德堡(1878—1967),美国著名诗人,芝加哥诗派重要一员。1916年出版《芝加哥诗集》,奠定了桑德堡在美国诗坛的地位。——译者

⑤ 德莱塞(1871—1945),美国现代小说的先驱、现实主义作家之一。童年多经苦难,15岁去芝加哥独自谋生。做过多种工作,1892年开始记者生涯。1900年发表他的第一部长篇小说《嘉莉妹妹》;1925年发表的《美国悲剧》被认为是德莱塞成就最高的作品。——译者

⑥ 简·亚当斯(1860—1935),1889年亚当斯在芝加哥一个工人贫民区建造一所大住宅,命名为赫尔宫,在此开展各种社会福利工作,后来这个机构叫作赫尔宫协会。亚当斯又与劳联组织、其他社会改良团体一起,制定美国第一个少年法庭法、妇女八小时工作日制等。亚当斯因争取妇女、黑人移居的权利而获1931年诺贝尔和平奖,是美国第一位获得诺贝尔和平奖的女性。——译者

1893年世界哥伦布博览会宣传画,以鸟瞰形式展示了博览会园区和建筑,由伯纳姆和奥姆斯特德设计,构成了所谓的"白城"。

19世纪90年代的照片,芝加哥草市广场挤满了马拉货车,显露了这座城市脏污的一面。

(Ida B. Wells)①在这里为社会正义而斗争;苏珊·B·安东尼(Susan B. Anthony)②在这里全力争取妇女的权利。捷克作曲家德沃夏克(Antonín Dvořák)在这里谱写新大陆交响曲;而美国作曲家、钢琴家乔普林(Scott Joplin)将一种称作雷格泰姆(ragtime)的新音乐引入,为美国本土爵士乐的兴起开辟了道路,也犹如夏季风暴,吹进了芝加哥。印度哲学家辨喜把新思想带到了在芝加哥举行的世界宗教议会(Parliament of the World Religions)上,辨喜倡导世界和谐相处,他影响了特斯拉形成泛灵论。

各种新奇的发明,如汽油动力汽车、盒式照相机、安全剃刀、机械打字机,在芝加哥世博会上都首次亮相。许多消费品也借世博会变得家喻户晓并延续至今——果汁口香糖、杰迈玛大婶牌糖浆(Aunt Jemima syrup)、麦

---

① 艾达·B·韦尔斯(1862—1931),美国著名女记者,社会学家。她反对黑人与白人分开游行,争取平等的女性选举权。于1909年创建美国有色人种协进会。——译者

② 苏珊·B·安东尼(1820—1906),美国民权运动与女权运动的著名领袖。美利坚合众国宪法第十九条修正案的文字由安东尼撰写,她对争取美国妇女参政权贡献卓著。——译者

芝加哥世博会电力馆外许多女游客打着遮阳伞（当时的新时尚）。

芝加哥科学与工业博物馆——原世博会建筑中留存下来的实体，现在是西半球最大的科学博物馆。虽然当时是临时性大兴土木——且大部分在世博会后毁坏——保留下来的建筑仍然昭示了人类文明的进步。在本书研究期间，我访问了这个代表科学和进步的殿堂，它有巨大的帕拉弟奥式穹顶，色彩斑斓的大厅，古希腊科林斯式圆柱，展品从孵化的小鸡到捕获的德国潜艇无奇不有。我漫步到博物馆的后面，面对杰克逊公园平静的湖水和长满树木的岛屿，世博会期间这里是日本馆，当时这个地方有各种表演，从扇子舞到电流刺激，吸引了数千万游客。

片、蓝带啤酒（又称Pabst beer）、琥珀爆米花（Cracker Jack）——预示着美国消费文化的开始和创造这种文化的广告业的兴起。

世博会的电流之战充满了火药味。爱迪生和西屋电气如同上演斯大林格勒战役，西屋电气也像爱迪生一样大赌一把，决意利用这个国家大平台把交流电卖给那些不甚了解的公众，输送到更多的工厂或住宅。

通用电气对世博会的照明合同开价很高，当时这么大的场馆采用电灯照明是很大一笔生意。而西屋电气为了拿到这个合同不惜出低价，但这样一来就把公司推到近于破产的边缘。当时的美国经济不景气，电力行业的公司都在法庭上为专利争来斗去。

随着"电流之战"接近尾声，在65 000多位参展者的努力推动下，一个全新的世界在芝加哥诞生。每天大约有70万观光客从各地涌进芝加哥的中心铁路枢纽，争睹博览会盛况，加上观赏来自埃及等异国的文物以及农业、商业和艺术上的新创造。不论过去还是现在，博览会主题都是有关坚强的美国人：**一切**能做得更好。通过农业、自动化、教育、规模生产、科学，以及电力，人民会过上更好的生活。

西屋电气赢得瀑布发电站

还在西屋电气拿到尼亚加拉瀑布发电站合同的前一年，爱迪生的心腹和行政总监英萨尔就很不情愿地劝他的老板把电力公司的股权让与摩根。由此摩根于1892年组建了通用电气公司，并把爱迪生的牌子摘了下来。英萨尔对摩根并不太在意，但是他明白只有合并为新公司才是爱迪生得以体面生存的途径。英萨尔意识到，爱迪生不可能用直流电打赢这场"电流之战"。直流电也无法为爱迪生的品牌增光，摩根的大瀑布建设公司否定了爱迪生用直流电方式输电到纽约的计划。

许多熟悉爱迪生的人都认为英萨尔出让公司的提议是背叛行为，尽管爱迪生和英萨尔的友谊一直保持到爱迪生于1931年去世。不管怎样，爱迪生当上新的通用电气公司主管，拥有数百万美元的股权，可以自由地管理自己的实验室,其中一个实验室设在佛罗里达州阳光明媚的迈尔斯堡。不过,爱迪生作为白手起家发明者的那些岁月成了他那经久不衰的传奇故事的一部分,这个传奇故事由他的朋友们加以美化,比如崇拜爱迪生的福特(Henry Ford)①靠近底特律(绿田村)的博物馆即以爱迪生的名字冠名,创造出了有关爱迪生的一切的现代人物研究。

西屋电气与庞大的通用集团竞争的唯一法宝,就是特斯拉的多相交流电系统,也以此拿到了大工程:建设尼亚加拉瀑布发电站及输电线路。德国是首批使用交流电系统的国家并率先架设了108英里长的输电线,但在1890年的西方还没引起多大影响。与之相反,尼亚加拉瀑布与布法罗接近,距纽约也不远,这条输电线更引人注目。

借着世博会的成功推动,西屋电气把通用电气挤出局,拿下尼亚加拉瀑布发电站合同,而主管这项工程的正是曾为爱迪生手下的特斯拉,现在是西屋电气的总工程师。

特斯拉的人生故事有许多版本,其中一个说他梦想长大了开发尼亚加拉瀑布的能量,将伊利湖的水引过尼亚加拉河的断崖进入尼亚加拉河,最后流到安大略湖。

"(小时候)我告诉我叔叔,我要去美国实现我的计划。30年后,看到我的理念在尼亚加拉瀑布实现,是难以理解的心灵奥秘的奇迹。"

1896年11月16日,当瀑布发电站合上电闸,水力的动能驱使特斯拉的三台5000马力的交流发电机运转起来,电力输送到26英里之外布法罗街上的公共电车。这是一个历史见证,特斯拉和西屋电气在寻找超越芝加哥博览会魔术表演的东西。

对历史学家亨利·亚当斯(Henry Adams)来说,这些发电机是无穷的象

---

① 福特(1863—1947),美国著名企业家,福特汽车公司的创建者,在世界上率先使用流水线大批量生产汽车。他的生产方式使汽车成为一种大众产品。——译者

上图：威斯汀豪斯夫妇站在奔泻的尼亚加拉瀑布前。

下图：19世纪与20世纪之交，纽约州布法罗附近的尼亚加拉瀑布已被西屋电气公司和特斯拉的大型发电机控制。

第五章 电之奇才 113

1896年的一期《科学美国人》展示了一台特斯拉5000马力发电机的外貌。

征,发出越来越多的电力,推动人类文明的进步。英国小说家H·G·威尔斯(H. G. Wells)所写的重要作品很多内容都与神奇的电力有关,1906年他就特斯拉的发电机写道:

> 它们是可见的,想是已转换成简单和可控的东西。看起来干净,没什么声音,非常有力。早年机器的哗啦咔哒声已成为过去;没有烟雾,没有煤渣,没有污垢。

从爱迪生建设他在纽约珍珠街的发电站,再到尼亚加拉大型发电机接通,由于爱迪生、特斯拉、汤姆孙和威斯汀豪斯等人的努力,中央发电站输送电力到各地的完全工业化的世界已显露端倪。

到1893年,美国有3500个独立的发电站为超过250万盏电灯供电。这些发电站并不像威尔斯笔下描述的那样干净——火电和核电都不可否认有污染——21世纪初,在大多数电网中特斯拉系统基本上仍是主导性的技术。

特斯拉的社交圈

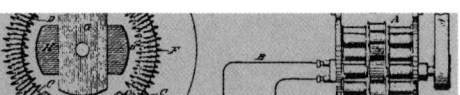

回到纽约,特斯拉放弃了用电力系统探索更多新奇的事物,他在华尔道夫酒店进行社交活动,精选了一些在芝加哥世博会做过的演示,邀请社会名流到他的实验室参观。

虽然特斯拉后来的形象像个疯狂的隐士,但在19世纪末他却是一位温文尔雅、魅力十足、来自欧洲的博学者。《世纪杂志》的出版商罗伯特·安德伍德·约翰逊(Robert Underwood Johnson)和他漂亮的妻子凯瑟琳(Katherine)会邀请特斯拉参加他们那富有创造力的文化圈,凯瑟琳是特斯拉的粉丝,特斯拉会与圈子的人朗诵诗歌,讨论哲学,或做些电的演示。

约翰逊回忆说,他的社交圈中有位女士(他不确定是谁)曾问特斯拉以何谋生?特斯拉温和有礼地回答:"哦,我玩一点儿电。"

左图:华尔道夫酒店,约1900年。右图:34岁的讲时髦、爱作秀的单身发明家特斯拉。

"确实!"那位女士大声说,"坚持下去,别泄气。做到底你会有好结果的。"当特斯拉引导客人看他的奇妙电实验时,他都不会让客人失望。知名的环保主义者缪尔(John Muir)看见特斯拉不用导线而只用手触摸,就能使一个灯泡发光。老麦迪逊广场花园的设计者、著名建筑师怀特(Stanford White)似乎被特斯拉的电力塔的结构迷住了。特斯拉也向朋友展示他对自然之力量——这种力量要么会帮助人类带来世界和平,要么会创造使地球遭到空前破坏的毁灭性武器——的宙斯式掌控。

1873年,年轻的特斯拉染上霍乱,治疗期间他偶然读到美国著名作家马克·吐温的著作,尽管当时医生已经对治愈特斯拉不抱希望,但马克·吐温的文学智慧却以某种方式帮助他恢复了健康:

"一天,我手上拿到几本新书,不像以前我曾经读过的那些,我一下就被迷住了,完全忘了痛苦无望的状态。这些书是马克·吐温早期的著作。"

后来,特斯拉与马克·吐温本人相见,"我对他说起那段经历,我吃惊地看见那位大人物笑得眼泪都出来了。"这两人后来成了好朋友,他们都爱讲故事。

有一个难忘的例子,马克·吐温坚持要"感受"一下特斯拉的非致命低频电流,特斯拉合上电路开关,起初马克·吐温感觉平滑沉稳,接着很快觉得有尿涌上来,迫使他跑去厕所,一时让客人们大乐。在约翰逊的圈子中,马克·吐温可能比其他任何人更抵不住特斯拉怪诞的探索诱惑。尽管马克·吐温是这个世界上最知名的美国作家,但这位汤姆·索亚(Tom Sawyer)和哈克贝利·费恩(Huckleberry Finn)的创造者却常常陷入财务危机。

特斯拉在一边看着马克·吐温[其真名是塞缪尔·克莱门斯(Samuel Clemens)]手拿一个金属环在谐振线圈上,高压电流通过他的身体,灯丝加热到白炽。照片翻印自《世纪杂志》1895年4月号。

为了获取稳定的收入来源,马克·吐温向好几项发明和业绩不看好的公司投资。其中一项发明是自动排版机,它一直不能正常工作,把马克·吐温搞得几近破产。为了偿还债务,他不得不到海外旅行演讲。马克·吐温自己也搞了个发明,即叫作"记忆构建者"的历史游戏,还申请了专利。在投资项目破产后,马克·吐温不是去旅行就是在巡回演讲中讲自己的故事,以他的名气在那个年代收益颇丰。

对那个时代的许多人来说,发明是一条通往新发现财富之路,尽管对马克·吐温来说这从未成为现实。马克·吐温曾经劝说患上癌症的格兰特(Ulysses Grant)[①]撰写自传(也许是有史以来最出色的自传之一),"这样他可以给家人留下一些东西"。当马克·吐温到海外演讲时,他的名声确保他可以受到高规格接待——对于一个南北战争中的逃亡者和来自密苏里州汉尼拔的记者来说,做到这点可不容易。到1898年底,马克·吐温在维也纳,又展示出投资者的一面,他提出推动"你(特斯拉)一直在研究的那种破坏性惊骇":

> 一些有兴趣的人可能正在讨论说服国家采取与沙皇裁军同步的方式。我却建议他们放下那一纸烂裁军协议,去寻求更重要的东西——邀请伟大的发明家来从事发明,让敌人的舰队和军团失去作用,使战争以后不再可能发生。

马克·吐温可能是在谈特斯拉的遥控船,很显然,颇有先见之明的他解释了将会引发第一次世界大战的大国之间的紧张关系。马克·吐温和特斯拉的友谊保持了20年,直到他于1910年去世。

---

① 格兰特(1822—1885),美国第18任总统。——译者

后尼亚加拉时代的创造性突破

芝加哥世博会想必庆贺了特斯拉的新系统,并将之推销到了全世界,但对特斯拉来说,这个大事件只是他漫长创造性生涯的中点。特斯拉也许可以作为当代最伟大的电气工程师而青史留名,然而他并不在意后世的看法——至少他不想做一个技术巨人。

特斯拉的狂想不断,腾飞的想象力翅膀把他的创新理念带上了新高度。特斯拉舒适的实验室离爱迪生早年的车间只有几个街区,令特斯拉如痴如醉的是这样一种渴望:把他创造的能量传送到全世界。他的振荡器和放大发射机不仅能产生巨大的能量,而且能将能量穿过空气在离散信道中传送,此即电磁频谱如何为今天的微波传输和无线电传输所用。

1895年,一场莫名的大火烧毁了特斯拉在曼哈顿的实验室中的大部分设备和研究成果,不论他在这里创造了什么样的秘密发明,都未能保留下来。当许多发明家忙于为将来的研究找钱时,特斯拉转而思考起有关电力的哲学问题:电力能做什么?应当怎样使用电力?

左图:特斯拉的无线电控制船,1898年。右图:从打开的特斯拉的遥控装置可见遥控机器技术的电路,这是向现代计算机应用迈进的一步。

到1898年,特斯拉已在小规模范围掌握了无线电力传输,他在麦迪逊广场花园的展示活动上演示了远距离电力使用,让一个带小型天线的浴盆状小船在人工池塘里转圈,这昭示了机器人的诞生和遥控的应用,而在这个玩具船的后面是某种更有力的东西:一个能适用于多个频道的无线电发射机。从电视机遥控器到攻击性军事无人机的一切事物,都可从这个有趣的简单演示中窥见端倪。

特斯拉在曼哈顿下城建立了另一个实验室,他依然不停地工作。

印度神秘主义者辨喜的签名照片,他给予特斯拉和其他许多人精神鼓励(芝加哥,1893年)。

有时,接连涌现的创意让他彻夜不眠,并非都是有关发明和无线遥控的应用。特斯拉在思考电能作为人类思维自身的来源,并在给威斯汀豪斯的一封信中谈到了对心灵感应的存在和"意识力传递"问题的思索。

特斯拉在19世纪90年代遇见辨喜之后(虽然对于他们何时相遇或是否相遇还有争议),他的思考就升华为一种理念,认为人体能量是宇宙中的一种能量场,可贯通天地产生共振。共振——自然振动的方式,很像是音叉或小提琴或钢琴的弦振动——是关键所在。若共振频率相配,就可以把能量传送到很远的距离,虽然这一概念当时几乎没有商业价值,但它威胁到了既有的利益。对于富有的精英投资通用、西屋、马可尼和其他新兴工业集团来说,特斯拉肯定变成了一只"黑色怪兽",他在1896年写道:

"电报和电话垄断塔合的结局已来临。附带说一下,所有其他依赖任何能量的垄断都会遭遇急停。地球电流将被利用起来,大自然会免费提供。"

虽然特斯拉能够创建自己的制造企业,但直到19世纪末,他似乎满足于在他的小实验室里折腾。不幸的是,特斯拉经常低价出售他的公司,1888年,他把特斯拉电气和制造公司以区区5000美元现金和200股分红卖给了西屋电气,而对方首付是950美元。

相对于商业来说,特斯拉可能把更多精力投入了为人类谋福祉的工作,这是他从事后来引起FBI和国防部注意的武器研究的潜在原因,对此观察家们已经争论了多年。在所有写给威斯汀豪斯(也即写给公司创始人和他的继承者)的信件中,特斯拉都表明了心中的崇高目的:他要建立一个宇宙系统,这个系统将惠及(后来改成了**保护**)一切。这样的观点对德国人和那些草木皆兵的影子政府并没什么意义。与此同时,靠着摩根控制的许多投资(从钢铁到电力设备)合并而成为巨富的那些人,从特斯拉的话语里听到的却是逆耳之声。

当19世纪末一些大人物渐入暮年,特斯拉才刚刚开始变成一只"威胁性的"神兽客迈拉(参见引言)。他不再是鸡尾酒会上那个魅力四射的发明家,也不再是在曼哈顿下城的豪华酒店独享美食的富有魅力的怪客,在迎来20世纪的黎明之际,特斯拉为穿越星空和通过地球传输能量踏上了征程。

特斯拉式的行为 ❺　推销你的创意

虽然想象某个发明家在偏远的小实验室里孤军奋战挺浪漫的,但那些创新的带头人实际上都有许多合作盟友。不过,合作方式若是缺乏有效推销创意的意愿或能力,不可能真正形成规模效应。很多创新者在推销的需求上犯错,因为它需要一整套不同的技巧,这些技巧能从创新追求中滤掉时间和能量。然而,这就常常导致在成败之间的差别。

创造现代数字计算机涉及数以千计的人,始于第二次世界大战中像图灵(Alan Turing)这样的天才,19世纪的思想家阿达·洛夫莱斯和巴比奇(Charles Babbage)为图灵的工作奠定了基础。甚至乔布斯(Steve Jobs)身后牛气的苹果公司团队也必须能够把乔布斯的设想转换成可以操作的日常应用软件。当特斯拉大获成功时,他有一批支持者和工程师把他的交流电系统构建成为一个大电网。没有佩克、布朗、威斯汀豪斯——甚至他挖沟时的工头——特斯拉的诸多发明就不可能变成商业现实。

寻求合作者,你要知道需要哪一类人才。有些人是金融人才,而其他人或是技术人才或是市场营销人才。所有的合作者都应认同你的总体任务,最有效的企业有多个合作者,会就任务如何取得成功表达各自不同的观点。

一旦你要创造的东西在头脑里形成图像,你得对它进行综合处理,使之对于潜在的合作者和/或发明者来说尽可能真实。如果涉及技术,你需要蓝图和图表。对于片段的写作,你需要写出大纲和实施的草图。对于视觉方案,想象一部能让你在几秒钟内理解概念的"电影"预告片。依据你的想象的详细程度,你需要使之更充实具体以便与他人有效地交流。例如我要做一个讲座,我会提炼一系列广泛的说明和主要观点。我不喜欢PPT,仍习惯用老式的白/黑板和带标记的活动挂图。一切都要有计划和预演:讲座中我不会照本宣科,大纲成竹在胸,基本是脱稿而讲。

用"哥伦布蛋"小魔术使你的观众入迷的做法很棒,有说服力的演示和你的方案将如何运行的口头解释会赢得观众。讲故事肯定有帮助:心理学研究表明故事有助于信息记忆。进一步说，讲故事能使以下信息在人们的脑海中得到强化：你的想法是如何结合到一起的以及它们为何重要。正如卡尔森在他的特斯拉传记中所指出的："没有目标，没有创意，到哪儿都不会有发明，除非你愿意讲一个有关的故事，一个让他人觉得有趣和有说服力的故事。"

超越标准的PPT。使用适合观众的语速语调。保持目光交流，调整你的计划，使之成为适应观众需求的最佳方案。与你的听众建立密切联系。讲笑话有助于打破演讲者与听众之间的隔阂。

这样的话，下次你要与一个重要客户或潜在的合作者会面或要做陈述时，可以问问自己以下问题：

◆ 我如何能做到使演讲既有知识性又有趣味性？我有可能让观众笑起来吗？

◆ 为什么观众要关心我的方案？方案能为他们做些什么？

◆ 我能借助演示或放视频把观众的情绪调动起来吗？我能创造一个大场面吗？

◆ 你的创意为什么重要？你的视野与大背景和宏大的计划相符吗？把这一点讲透彻。

特斯拉想要改变世界，他确实做到了，这部分归功于他对超连接、高效能与和平的未来世界（没有凌乱的电线和保险丝熔断）的不懈推动，特斯拉给人类呈现了光明的未来。

第六章
天地的能量：
特斯拉的无线世界系统

　　特斯拉向我们展示了，作为一位伟大的企业家（他将一条重要的标准商业化了，这条标准驱动了125年后的创新），资本并不是必需的。他是典型的工程师和人本主义者，致力于发现利用地球资源的方法以造福人类。

——武尼亚克-诺瓦科维奇（Gordana Vunjak-Novakovic），
哥伦比亚大学教授

章首图
　　特斯拉187英尺高的沃登克里弗塔（摄于1904年），体现了这位发明家跨越大西洋传输无线电和能量的梦想。

在特斯拉位于纽约的狭小、光线弄暗了的实验室里,当马克·吐温用手握住发明家的真空灯泡时,客人们倒抽了一口气。这位蒸汽船船长、文学天才——旧时代的浪漫主义者、当代的怀疑论者和未来的预言家手上的这个发光球,预示了19世纪即将结束,历史将要翻开新的一页。

特斯拉要让马克·吐温的手握住这份喜悦,当特斯拉还是巴尔干半岛上一个孤单的小男孩时,正是马克·吐温的《汤姆·索亚历险记》(Tom Sawyer)给了他安慰。然而,当马克·吐温俯视灯泡时,由于某种看不见的力的作用,灯泡发出磷光,看起来他好像抱着一只他无法爱抚的愠怒的猫。马克·吐温通过讲述他的荒野采矿营故事和在亚瑟王宫廷的冒险以及通过讲述所亲身经历的德国皇帝皇后为向他表示敬意而举行的晚宴,吸引了成千上万的人,他或许感觉到自己在远离死亡。马克·吐温心爱的女儿苏茜(Susy)一直身体不好,后来很快离开了他。几年后,他的妻子莉维(Livy)也去世了。或许

马克·吐温《神秘的陌生人》(The Mysterious Stranger)1916年版的卷首插图,表现东欧背景的边远山区人的活动,与特斯拉的童年时代没有什么不同。

马克·吐温和特斯拉一样想知道：点亮灯的能量是否能复活人的生命。他是在冥想玛丽·雪莱对这样的能量可以把人类改造成怪物的预期，还是在直视一个现了原形的魔鬼？

马克·吐温这位大幽默作家的悲哀表情有些谦卑也显得无奈，后来他编了一个名为《神秘的陌生人》的故事，描写一个男孩在巴尔干半岛的成长，以文学形式尝试赞美他朋友的天赋。就像这位作家众多失败的发明投资一样，这种假定的致敬并不受欢迎，也未能彻底完成。特斯拉被魔鬼或马克·吐温的浮士德式天鹅之歌所诱惑，这是不是一个黑色的、讽刺性的描述？我将这个问题留给文学史家回答。

作为新发明的投资者，马克·吐温必定很高兴参与特斯拉公司的投资，这位作家喜欢新奇事物和技术，尽管一再失望，但他还是希望能从最新的小发明中获益。看到特斯拉的交流电动机运转时，马克·吐温兴奋不已，宣称它将"彻底改变全世界的电力商业。这是自电话以来最有价值的专利"。

作为一个仁慈的沃坦（Wotan）[①]，特斯拉进入20世纪时完全执着于自己的理念，认为他能把世界从孤立的黑暗和战争中解放出来。在很多场合，特斯拉的全身遍布着电，高电压常常使他的记忆暂时丧失。无论如何，曼哈顿的建筑无法用数百万伏高压电进行试验。由于实验室毁于火灾——有人声称是蓄意破坏，虽然无人确切知道——特斯拉需要一个开放的空间来尝试他的新创意。

20世纪初，特斯拉与科学的结合完全被神化，加上他守身禁欲，至少据他自己模糊的自我描述，表明了他对大自然力量僧侣般的奉献。无疑，《世纪杂志》出版商罗伯特·安德伍德·约翰逊的妻子凯瑟琳深深崇拜着这位瘦高的天才。而专横的银行家摩根的女儿，妇女权利倡导者和慈善家安妮·摩根（Anne Morgan），据说对特斯拉"有些兴趣"。

而特斯拉发誓要为未来保持他的全部力量和精力；发明家的激情生命力是宇宙自身之火。这位怪诞的发明家能从他的10个指尖释放火花，不过

[①] 北欧神话中的众神之父。——译者

为了实现无线传输电能,以深刻的方式影响人类文明,他需要勇气和智慧。

山区人

根据在纽约实验室的发现,特斯拉能使电流短距离无线传输,他确信可以把电流传得更远,也许甚至可以传送到世界各地——如果掌控足够的能量的话。在与科罗拉多州斯普林斯一家名叫埃尔帕索的小型电力公司达成协议后,特斯拉于1899年5月前往落基山脉。在摩根和阿斯特(John Jacob Astor)的支持下(后者是位于纽约的华尔道夫酒店的老板),特斯拉组装了一个巨大的特斯拉线圈,作为他实验的基础。

回到东海岸,通用电气在为一个采用交流电的国家电力系统建设基础设施,工程进展顺利。由主管经理科芬(Charles Coffin)和杰出工程师施泰因梅茨(Charles Steinmetz)领导,摩根的制造团队(没有爱迪生)正在研发新一代更大的发电机、变压器、涡轮机以及其他输电设备。和特斯拉一样,施泰因梅茨也有制造人工放电的设备和能力,不过他现在从属于资金充足的企业实体,而特斯拉是独立的。

特斯拉到落基山脉的原因是壮丽的孤峰和峰顶的能量。在夏季,几乎像钟表一样准时,雷雨会在群山聚集,造成电闪雷鸣。尽管特斯拉在平缓地方建了一个棚子一样的实验室——可以在派克峰上看见,但他想更接近这种自然电的来源。闪电能像交流电那样被捕获和传输吗?来自天空的雨水撞到地面时发生了什么?地球是一个有效的能量传输器吗?如果是,它是如何运行的?特斯拉把这些问题带到了科罗拉多州的斯普林斯镇,这里的山区采矿业兴旺繁荣。

在创造闪电并将之传送到前山空旷地带的实验中,特斯拉看到了能源免费的可能。闪电是一种清洁能源,不必靠燃烧煤(产生蒸汽驱动涡轮机带动发电机)发电。这种免费能源可不是专属于哪个人的——不属于摩根,不属于通用电气,也不属于西屋电气。这种能源可以被分享,像微小的种子一样以光速传播到世界上任何一点。

1899年初夏，科罗拉多州斯普林斯，特斯拉在他的实验室（很像棚子）门口探出头来。

不管这是不是摩根的一个卖点(他最初借给特斯拉15万美元,是希望特斯拉能研发出"世界电报系统"),很难证明摩根有兴趣通过普及电力创造世界统一。特斯拉曾向这位大亨承诺,他可以向欧洲发送和接收信号。摩根想在其他人之前知道伦敦证券交易所的股票交易结果,他倾囊为发明家提供资金,并密切留意自己的女儿安妮,据说她被这位英俊的发明家吸引住了。

尽管马可尼在1896年获得了基于特斯拉的发明设计的无线设备的专利,特斯拉向摩根承诺,他的系统可以传输比信息更多的东西;它也将是一家电力传输公司。1899年春天,特斯拉来到科罗拉多州的斯普林斯,在距该镇6000英尺远的地方建立了他的实验室。在无线工程师洛温斯特恩(Fritz Lowenstein)的支持下,特斯拉连上该镇的电网,并大幅度提高了电压,"以便作出一些具有深远意义的发现"。

在一个屋顶可以移动的棚子实验室,放置了一个特斯拉希望不会着火的变压器系统,连接着一个可以升降的顶部带球的天线杆。它看起来像是富兰克林的一种巨型避雷针,能够释放近100英尺长的闪电——这在当时是一个惊人的展示。

特斯拉在科罗拉多州的研究将产生4项新的无线电力传输专利。尽管特斯拉的技术远比马可尼领先,但他仍然渴望得到更多。这位塞尔维亚发明家希望建立一个在空中传输电流的整体系统,同时也利用地球作为导体。特斯拉使用产生闪电的线圈和振荡器的研究,预示着现代无线电传输时代的到来。更重要的是,他发现当电流的频率与大地同步时——大约每秒6到18次——会发生共振,这使得电能和机械能的传输效率高得惊人。

所谓"驻留或静止"的波能与大地和天空连接,天和地蕴含着极大的能量。地球像是一块巨大的磁铁,当太阳不断用带电粒子轰击地球和大气层时,它从熔融的地核中产生热量。一种围绕着地球叫作电离层的不可见的电离屏蔽,从海平面延伸至50—250英里的高度,保护着我们免受来自太阳的大部分潜在的致命辐射(以后这将成为太空旅行者的长期健康危害)。特斯拉意识到来自天空的能量是永恒的——它不需要从水或煤中产生——而

位于科罗拉多州斯普林斯的特斯拉实验室外观,可见远处背景是落基山脉。实验室有一根高142英尺的伸缩式天线杆,顶部是一个30英寸大小的包铜球,天线杆从屋顶的开合窗口向上伸出。

图片来自1900年的文章《增强人类能量的问题》(The Problem of Increasing Human Energy)，特斯拉在科罗拉多州斯普林斯的巨型"放大发射机"线圈以1200万伏的高压放电，燃烧大气中的氮，测试范围为65英尺。

且可以用某种方法开发出另一种免费能源。

特斯拉监测天空能量的能力变得如此敏锐，以至于他可以用他的设备预测即将来临的暴风雨。其中一个装置甚至在暴风雨远离他时也能检测到风暴的能量。正如特斯拉在日记中描述他在科罗拉多的实验时所说的：

> "当时人们认为闪电太远了，可能在50英里之外。仪器突然再次开始传出声音，强度不断增加，虽然风暴正在迅速远离……从科学的角度看，这是一次奇妙而有趣的经历。它清楚地表明了**驻波**的存在。"

特斯拉认为巨大的系统可以连接地球，如果电能从天空传导到大地，只要信号本身足够强，就能够克服空气、土壤和岩床的阻力。特斯拉有了这个

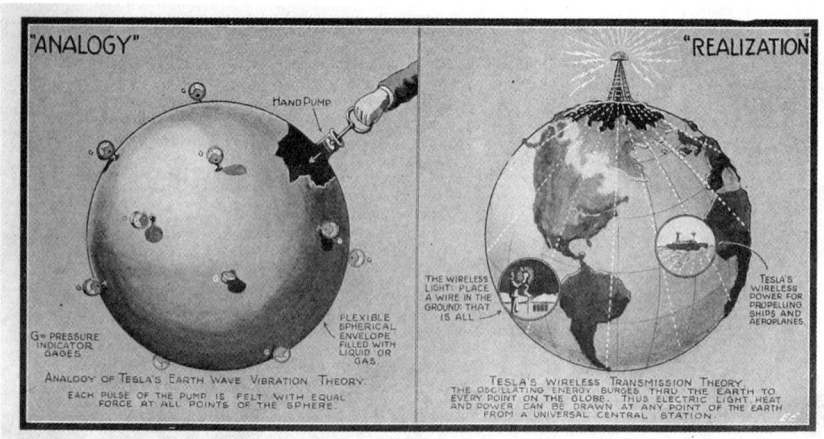

刊登在1919年《电气实验者》(Electrical Experimenter)上的插图，试图解释特斯拉的无线系统理论。特斯拉计划在不用电线的情况下，使用放大发射机网络来传输电力，该网络将电流通过地球传送到一个"接收器"，其频率调谐到与发射器的频率相同产生共振。左图显示了一个机械类比，其中电荷是充满地球的一种气动流体，以放大发射机为泵，无线接收器为压力表。右图显示了利用放大发射机产生的振荡地球电流，可以为地球上任何地方的灯泡、汽车或飞机提供动力。

假设和发现，8个月后他拆除了设备，返回纽约。

沃登克里弗塔

特斯拉一段时间起劲地宣传他在科罗拉多州斯普林斯的研究，在1900年6月出版的《世纪杂志》上，他发表了一篇题为《增强人类能量的问题》的带插图的文章，其中写道："绝对确定，不需要电线而能与地球上任何一点进行通信是可行的。"在这篇文章中，发明家将他的思想扩展到了"电话和电视"。是的，**电视**，几乎还有半个世纪才推广应用。看到无数影响公共卫生和人类生活质量的事例，特斯拉提出了一个详尽的理论，事关人类的质量和体能以及如何运用各种手段予以改进，包括推行素食和使用臭氧净化水。

大约在同一时间，马可尼稳妥地拿到了英国海军部的35万美元合同大

特斯拉的竞争对手,意大利无线电先驱马可尼与他早期的无线电设备(摄于1896年)。左边的装置是发射器,由感应线圈(未显示)产生的高压供电;右边的盒子是接收器。

单,在英国的26艘船上以及6个岸上站点安装了无线电设备。好胜的马可尼不愿看到英国政府对这项技术形成垄断,因此他和团队成员勤奋地工作,努力使项目取得成功。

与此同时,特斯拉住在华尔道夫酒店,仍在用他的名誉做交易,过着奢华的生活,可接触到当时所有的金融和工业巨头。华尔道夫酒店的老板阿斯特把10万美元押在了特斯拉身上。特斯拉在长岛东部靠近肖勒姆的地方买下200英亩土地,他希望建立一个由数千名工人组成的无线传输信号的社区。

特斯拉不仅想要超过马可尼,他还答应过摩根,他的系统将提供多种通信模式——同时也证明他的"世界电报"将是全球性的。特斯拉说的不是发送莫尔斯电码的单个字母;他向投资者保证,他可以通过提供信息**和**语音传输的多条通路将各大洲连接起来,而且他没有就此停步。正如他在自传中所述:

"最大的好处是来自趋向统一与和谐的技术进步,而我的无线发射机就是这样。通过无线发射方式,人类的声音和照片将被复制到世界各地,工厂的运行由数千英里外的瀑布提供动力;航空器将环绕地球不停地运转,太阳的能量可以控制,用来形成作为动力的湖泊和河流,将干旱的沙漠变成肥沃的土地。"

特斯拉的建筑师朋友怀特曾在纽约格林威治村的华盛顿广场北入口处建造了一座漂亮的拱门,还设计了一个别致的实验室,有新古典主义风格的窗户和一个烟囱,烟囱顶部覆盖着被称为"井口"的冠状铁工艺(其卷曲的铁工艺如今已被修复)。这座建筑看起来更像是英国贵族的花园洋房,而不像是实验用的工作中心。

在这座白色建筑后面的中心位置,特斯拉计划建造沃登克里弗塔。由一台从西屋电气借来的200千瓦发电机供电,特斯拉设想的这座小高塔将是20世纪初地球上最强大的发射器,它将发射电磁波跨越大西洋,并最终覆盖地球,连接一系列其他站点,它也将作为中继站用来增强洲际信号。

特斯拉在沃登克利弗塔的梦想比马可尼和德国电话公司的工程师要大,他们在长岛上也有一个设施,但无线系统的运行规模要小得多。特斯拉最初要建一座600英尺高的巨塔,后来缩小到187英尺,这个尺寸经过仔细校准,可以把信号传过大西洋。整座塔看起来像是在高跷上用金属和木头造的蘑菇,别有一种风采。特斯拉建塔的资金用光,他只好一再向摩根及其合作者伸手。

从塔下引出的隧道不引人注意。由绕着中心轴的螺旋阶梯下去进入,往下大约120英尺,将该塔的发射器固定在基岩上。不清楚为什么需要隧道,后来有观察者推测,由于这个地区的地下水位高(约80英尺),因此需要排水。随着工程的进展——资金用光——特斯拉继续用火车从华尔道夫酒店的厨房给自己送午餐。为完成项目和实际运行,特斯拉问摩根要20万美元,他急切地要证明自己可以远距离传输信号。

在纽约肖勒姆附近由怀特设计的新古典主义风格实验室和特斯拉的塔拔地而起,该塔基本上是一个巨大的特斯拉线圈,由一个木塔和顶部直径为68英尺的半球形铜电容器组成。

尽管资金没有保障,特斯拉并没有停止研究无线世界系统,他提出了一种由这种系统提供动力的装置,预示了当今流行的袖珍电器:

"一种便宜又简单的设备,可以放在口袋里,可以在海上和陆地的任何一个地方建站点,它将记录世界新闻或其他预期的特别信息。"

特斯拉对无线系统的愿景,其预期就如对手机、电子邮件、地理定位,甚至发短信那样,对摩根来说这可能是太难理解了;这位银行家主要对股票价位和艺术品收藏感兴趣。

特斯拉的预言

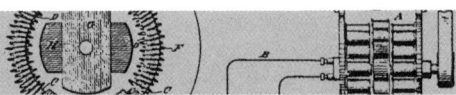

在1915年出版的《制造商记录》(Manufacturer's Record)的一篇文章中,特斯拉甚至以更高的可能性挑战世界:"不可能的事发生了,最疯狂的梦想已被超越,这个震惊的世界正在问:接下来会发生什么?"

这位发明家将用几十年后才会实现的一系列创新来回答:

废热发电。特斯拉没有这么称呼它,但这是一种将制造或其他过程产生的热量转化为电能的方法。"在不久的将来,这种(热能)浪费将被视为犯罪。"特斯拉呼吁建立一种"热力变压器"系统。

水力发电。就像现在一样,水力发电是一种清洁的高效能源。不需要燃烧任何东西产生能量,由自然提供动能,其中85%可以转换成电能。当时,特斯拉看到扩大的水力发电取代了每年1.2亿吨煤炭的燃烧。这是在20世纪30年代美国"大坝"时代之前,通过罗斯福总统推行的农村电气化计划,照亮了美国的南部和西部。

电力推进。随着蒸汽机的使用逐渐减少,电动机将慢慢地大规模取代蒸汽机。例如,今天的大多数铁路机车是由柴油发电机驱动的电动机。从汽车到公共汽车,一切都可以用电。早在1904年,特斯拉就(向西屋电气)提议在汽车上使用电动机。而当时西屋电气的回复是:

"我们认为感应电动机不适合这类用途。"当然,鉴于今天新上市的特斯拉3型电动紧凑型轿车的订单已达50万辆,2017年投入生产,对西屋电气来说,当年这似乎是一个糟糕的决定。尽管如此,当时特斯拉还是倡导用无线传输技术为所有形式的交通运输供电的可能性。

消毒。虽然特斯拉不是生物学家,但他知道电流可以对任何东西进行消毒。特斯拉预言的电子设备如"烟雾消除器、吸尘器、臭氧发生器和消毒器"今天都在应用,而且越来越普遍,已形成工业制造规模。特斯拉甚至为一种制造臭氧的设备申请了专利。

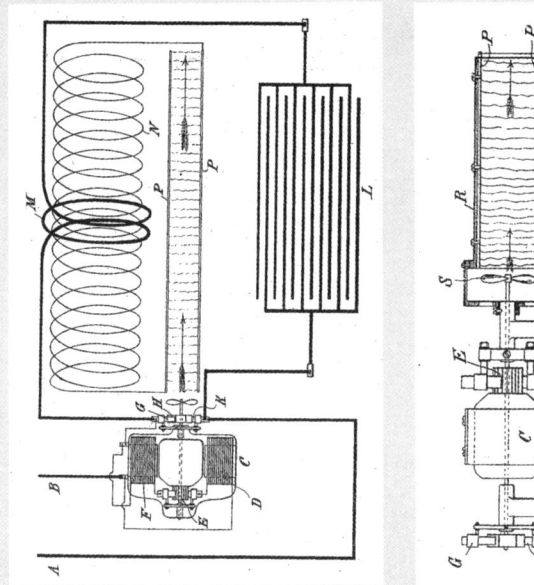 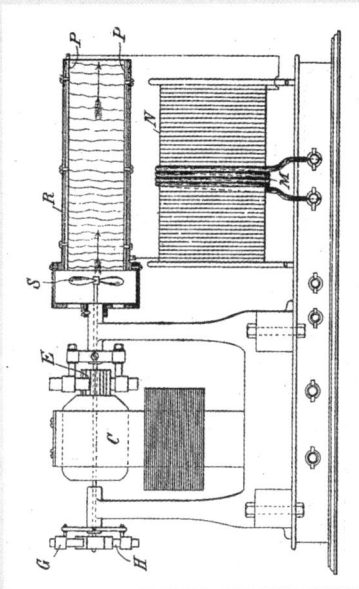

特斯拉1896年专利"臭氧发生器"中的图。

导航。除了通过无线网络为使用电动机的船舶提供电力,特斯拉还呼吁建立一个全球导航系统,"使船只能够随时获得准确的方位和其他实际数据"。没错,特斯拉指的是全球定位系统(GPS),即今天大多数智能手机的一个功能,尽管当时远在地球同步卫星时代之前。

无线武器。 第一次世界大战期间,人们看到毒气、机关枪、鱼雷、浮雷、巨型投射炮和"嗡嗡响的炸弹"等可怕武器的广泛使用,特斯拉知道他的无线技术将催生出几代新式武器。"我相信遥控的空投鱼雷将成为大型攻城炮,现在对攻城大炮的依赖太多,该过时了。"几十年后,特斯拉的远程电子控制武器以"智能炸弹"、无人机、弹道导弹和巡航导弹的形式出现了。

太阳能。 特斯拉即使忙于找资金和职业不稳定,他也在考虑"污染能源"世界的长期影响,因为人类越来越依赖化石燃料的消耗。特斯拉把燃烧燃料视为"野蛮和肆意浪费"的行为,他把注意力转向了太阳及其慷慨的礼物:在地球上广泛分布的能量。粗略计算后他得出结论,"每平方英里10万马力"的能量可以转化为电能,尽管这种能源转化的规模"超出了实际范围"。虽然特斯拉不知道如何大规模地从太阳获取能量,但在结束这一长久的思考后他还是寄希望于能传送"到任何距离"的无线能量将成为重要的平衡器,这样"人类将团结一致,战争将变得不可能,和平将成为至高无上"。

时间和空间的新观点

1915年,特斯拉在《制造商记录》中发表了他对未来的展望,同一年爱因斯坦发表了他的广义相对论,科学世界正以惊人的速度发展。

特斯拉正在考虑能源的未来——他甚至创造了一个方程式($E=mV^2/2$),表征人类的总能量(E)是人类的质量(m)和人类发展速度(V)的函数——而年轻的瑞士专利局职员(后来成为理论物理学家)爱因斯坦,则把他的天才集中于观察人在宇宙中的位置。和特斯拉一样,爱因斯坦也看到了自己头脑中的一些东西,他有相似的能力在"思想实验"中穿行于动态的想象空间。

登上柏林著名的普鲁士科学院的舞台,爱因斯坦提出他的理论来说明,在一个时空新世界中,时间、空间、物质和引力如何相互联系,这个时空新世界可以用一系列公式来解释,这些公式表明了宇宙是如何运行的。

爱因斯坦在柏林大学他的办公室，1920年。

10年前，爱因斯坦提出了他的狭义相对论，认为没有什么能比光速更快，在特定条件下物质会转化为能量。最令爱因斯坦困惑的是一个也曾困扰过牛顿（Newton）和伽利略（Galileo）的问题：引力如何在宇宙中起作用？这位物理学家的结论是，引力把时空扭曲得像一种柔软的织物。引力**弯曲**了空间并影响了时间自身，就像一颗卵石扔到平静的池塘，引力波在宇宙中荡漾。利用他强大的可视化能力，爱因斯坦**看见**，光在穿越太空时，会因微弱的引力作用而发生弯曲。

在20世纪前几十年,爱因斯坦就像特斯拉在19世纪90年代末那样出名,变身为国际摇滚明星,改变了我们对宇宙所知的一切。多亏了爱因斯坦,现代天文学家能够探测到其他星系中遥远行星的存在,这只是众多科学进展中的一项。

引力与特斯拉的波是否具有相同的传播方式?在不使用火箭燃料的情况下,它能推动我们脱离地球到其他星系吗?作为发明家,特斯拉的核心追求是实际应用,而不是抽象理论。他确信无线能源可以推动电动太空船。他公开表示不赞同爱因斯坦的理论,他推测某种物质能量的移动速度可能比光速还快。不过,不管光速是否为自然界的真实上限,有关爱因斯坦"引力波"(最终在2015年底被观测到)的新发现可能会对如何通过地球(也许还有宇宙)传输能量展开新的研究——使特斯拉的远程动力学概念成为现实。

也许特斯拉对他那个时代的颠覆性太大了,但是他从未忘记自己作为一个发明家对人类的责任:

> "只有通过消除各方面的距离,当知识的传递、客货运输和能量的传送将会在某一天出现时,才能确保友好关系持久。我们现在最想要的是世界各地的个人和社区之间更紧密的联系和更好的理解,消除对民族利己主义崇高理想的狂热崇拜和骄傲(这总是易于使世界陷入原始的野蛮和冲突)……唯一的补救措施是一个不受干扰的系统。它已经完善,它是存在的,所需要做的就是把它付诸实施。"

最终,特斯拉把自己看作一个远在其他之上的人道主义者,他相信可以通过实施他的"世界系统"来实现人类的统一和结束所有的战争。在这一大胆断言一个世纪之后,人类仍然显得很暴力,但历史已使特斯拉的许多技术愿景变成了现实。

特斯拉式的行为 ❻　从更高的角度看问题

1919年,特斯拉作出如下思考:

"有不少技术人员(在他们的专业部门很能干,但受制于陈腐的精神和近视的眼光)断言,除了感应电动机外,我给这个世界的实际应用很少。这是一个严重的错误。一个新想法不能以其直接结果来判断。"

对于特斯拉来说,一项发明——甚至整个传输系统——并不够。他的梦想更大,这促使他在余生继续前进。就像爱因斯坦寻求大统一理论一样,特斯拉希望建立一个全球电力和通信的超高速公路。

当许多人在为小事而伤脑筋时,为什么要着眼于大局呢?因为我们需要!看看那些正盯着我们的像贪婪野兽的东西:全球变暖,恐怖主义,养活数十亿人的问题。当然,没有人能独自解决这些巨大的问题,但是,如果我们有更多的人形成着眼长期情景和解决方案的习惯——或许一次只关注一个应用程序或一项发明——累积起来我们就可以为人类做很多的好事。看看谷歌搜索引擎对我们生活的影响吧,在很大程度上要感谢"特斯拉发烧友"拉里·佩奇!

特斯拉在制作放大发射机和变压器时,有一个最理想的指导愿景:他希望通过技术为人类带来和平。正如他在自传中所提到的:

"我们都必须有一种理念来控制我们的行为并确保心满意足,但它是否是一种信条、艺术、科学或其他任何东西并不重要,只要它能实现非物质化力的功能就行。对于整个人类的和平共处至关重要的是,一种普遍观念应该占上风。"

对我们的生存来说,拥有一个扩展的和共同的世界观可能是必要条件——防止人类互相残杀,如果没有其他的话——然而它总是受到关注短期结果的世界的挑战。为了每个季度拿出业绩改善的结果,几乎每家公司都受到社会和市场压力的困扰。这种"短期主义"蔓延到教育和文化等其他领域,当试图解决广泛的问题时,它很可能是有害的,这就是为什么我们仍然需要来自特斯拉和像他那样思考的人的雄心勃勃、不墨守成规的想法。

从大问题开始思考:

◆ 你希望你的想法或创造对整个世界有什么样的影响?它会产生什么样的长期影响?

◆ 你希望身后留下什么样的遗产?为了无怨无悔地回顾你的一生,你需要完成什么?

THE ELECTRICAL EXPERIMENTER

H. GERNSBACK EDITOR
H. W. SECOR ASSOCIATE EDITOR

V. Whole No. 53   September, 1917   Number 5

U. S. Blows Up Tesla Radio Tower

SUSPECTING that German spies were using the big wireless tower erected at Shoreham, L. I., about twenty years ago by Nikola Tesla, the Federal Government ordered the tower oyed and it was recently demolished dynamite. During the past month several strangers had been seen lurking about place.

sla erected the tower, which was about feet high, with a well about 100 feet , for use in experimenting with the mission of electrical energy for power lighting pur- s by wireless. equipment nearly $200,-

e late J. P. gan backed la Tesla the money uild this re- kable steel er, that he it experiment wireless even re people of Marconi. complete de- otion, revised r. Tesla him- f, of this ue and ultra- erful radio t was given he March, issue of ELECTRICAL PERI- TER. Every- interested in the study of high frequency ents should not fail to study that dis- se as it contains the theory of how this ter electrician proposed to charge this y antenna with thousands of kilowatts igh frequency electrical energy, then to ate it thru the earth and run ships, fac- es and street cars with "wireless power." ost of our readers have, no doubt, read it the famous Tesla wireless tower, ch structure involved the expenditure of ast sum of money and engineering talent. m this lofty structure, which was de- ed some 20 years ago by Dr. Tesla and associates, there was to be propagated electric wave of such intensity that it d charge the earth to such a potential the effect of the wave or charge could felt in the utmost confines of the e.

urther, it may be said that Tesla, all in does not believe in the modern Hertzian theory of wireless transmission at all. eral other engineers of note have also gone on record as stating their belief to be in accordance with Dr. Tesla's. More wonderful still is the fact that this scientist promulgated his basic theory of *earth current* transmission a great many years ago in some of his patents and other publications. Briefly explained, the Tesla theory is that a wireless tower, such as that here illustrated and specially constructed to have a high capacity, acts as a huge electric condenser. This is charged by a suitable high frequency, high voltage apparatus and a current is discharged into the earth periodically and in the form of a high frequency alternating wave. The electric wave is then supposed to travel thru the earth along its surface shell and in turn to manifest its presence at any point where there might be erected a similar high capacity tower to that above described.

A simple analogy to this action is the following: Take a hollow spherical chamber filled with a liquid, such as water; and then, at two diametrically opposite points, let us place, respectively, a small piston pump, such as a bicycle pump, and an indicator, such as a pressure gage. Now, if we suck some of the water into the pump and force it back into the ball by pushing on the piston handle, this change in pressure will be indicated on the gage secured to the opposite side of the sphere. In this way the Tesla earth currents are supposed to act.

The patents of Dr. Tesla are basically quite different from those of Marconi and others in the wireless telegraphic field. In the nature of things this would be expected to be the case, as Tesla believes and has designed apparatus intended for the *transmission of large amounts of electrical energy* while the energy received in the transmission of intelligence wirelessly amounts to but a few millionths of an ampere in most cases by the time the current so transmitted has been picked up a thousand miles away. In the Hertzian wave system as it has been explained and believed in, the energy is transmitted with a very large loss to the receptor by electro-magnetic waves which pass out laterally from the transmitting wire into space. In Tesla's system the energy radiated is not used, but the current is led to earth and to an elevated terminal, while the energy is transmitted by a process of *conduction*. That is, the earth receives a large number of powerful high frequency electric shocks every second, and these act the same as the pump piston in the analogy.

Quoting from one of Tesla's early patents on this point: "It is to be noted that the phenomenon here involved in the transmission of electrical energy is one of *true conduction* and is not to be confounded with the phenomena of *electrical radiation* which have heretofore been observed, and which, from the very nature and mode of propagation, would render practically impossible the transmission of any appreciable amount of energy to such distances as are of practical importance."

Two Views of the Last Minutes of Tesla's Gigantic Radio Tower at Shoreham, L. I., New York, As It Was Being Demolished by the Federal Government. It Was Suspected That German Spies Were Using the Tower for Radio-Communication Purposes. It Stood 185 Feet Above the Ground and Cost About $200,000. Tesla Had Not Used It For Several Years.
Photos by American Press Association

第七章
风云可测：
沃登克里弗塔倒塌

　　致力于通过开发能够预防战争的发明，以非常切实的方式实现和平的科学家少之又少，特斯拉是其中之一。不幸的是，他提供给人类的东西——一个感到并知道真正的科学进步永远不应该脱离善和美的科学家的理想——今天在某种程度上已经被遗忘了。

——普罗蒂奇（Aleksandar Protic），
联合国教科文组织，特斯拉记忆项目负责人

章首图
　　这篇1917年9月《电气实验者》的文章所配的快照展示了当年7月沃登克里弗塔在拆除时向一侧倾斜的瞬间，给人以强烈的视觉冲击。

在炸药爆炸后,网格状的沃登克里弗塔歪向一边,就像一艘船向右舷倾斜一样。它有一种悲壮的美,一点不像当今的流线型尖碑,或装有传导天线的手机信号基站。沃登克里弗塔是怀特设计的结构,在坚固的水泥基座上竖起抽象的蘑菇云。但它现在像是一个被鱼叉叉住了的大海兽,成了臃肿的一堆丑陋废品,将以远低于造价的价格被卖掉。

尽管长岛的设施从未完全投入使用,由于美国加入了第一次世界大战,当时美国政府已经查封了所有可能的无线电传输设施,切断了通过无线电传送情报的可能性。1917年拆除特斯拉的这座无线电塔是一件很简单的事情,尤其在经历了诸多厄运之后。1915年,特斯拉被迫与华尔道夫酒店老板博尔特(George Boldt)签约,卖掉沃登克里弗塔,偿还2万美元的债务。1916年这位酒店老板去世,他的继承者下令,把沃登克里弗塔以低价卖给废品收购商。进入20世纪刚刚十几年,想不到竟是这样一番情景:不仅欧洲陷入了一场机械化杀戮,连特斯拉曾经建造和拥有的装置现在也都拱手予人了。

金融巨变

在沃登克里弗塔的最后部分倒塌之前很久,历史就已经无情地干预了特斯拉的研究计划。1901年9月6日,美国总统麦金利(William McKinley)遇刺身亡,科技融资的强盗式资本家时代开始迅速瓦解。那个有利于营商的白宫——接受托拉斯和公司利益集团希望实现其垄断的所有行为——不复存在。特迪·罗斯福(Teddy Roosevelt)①成为总统,开启了一个稳步打破托拉斯和反对他所指称的"巨富的罪人"的新时代。特斯拉毫不气馁于政治形势变化的影响,继续敦促设计师怀特把他的塔建得更大。"我的计算表明,用这样的结构,我能跨越太平洋。"9月13日,就在麦金利总统遇刺一周后,特斯拉写信给怀特说。

对于摩根来说,他认为特斯拉走错了方向。马可尼的装置在制造和操作方面都要便宜得多,这位意大利发明家非常愿意向使用他的系统的人收

---

① 即西奥多·罗斯福(Theodore Roosevelt),特迪(Teddy)是其昵称。——译者

照片中是马可尼的波尔杜无线电站,位于英国西南端的康沃尔。1901年12月,该站传送了第一个跨越大西洋的无线电信号,由此终结了特斯拉的沃登克里弗塔之梦。

费——这与特斯拉提供全球免费电力的人道主义目标形成鲜明对比。有技术史学家认为,1901年12月6日,当马可尼成功地将字母"s"传送过大西洋时,特斯拉在沃登克里弗塔的探索就瓦解了。从那一刻起,如果尼古拉·特斯拉公司(Nikola Tesla Inc.)的股票价格暴跌的话,特斯拉原本能获得的任何政治和金融资本都将随之消失。特斯拉如今是一个失败者,整个纽约金融界都把马可尼当作无线电报的领导者。

尽管特斯拉为一次实验启动了沃登克里弗塔——其后的实验证明了放电像"日冕"似的照亮天空数英里,但他还是输掉了这场证明无线电(由他发明的技术)可远距离传输的比赛。在1904年发表于《电气世界与工程师》(*Electrical World and Engineer*)的一篇文章中,特斯拉颇有风度地感谢摩根的"高尚的慷慨",而这位银行家正在收回对特斯拉的承诺。

第七章 风云可测

特斯拉自豪地展示他的沃登克里弗塔和来自他的几项专利的简图,在1904年出版的《电气世界与工程师》杂志有特斯拉作的详细介绍,表明这位发明家作为顾问工程师的角色。

缺乏英萨尔和通用电气厚实的股票资本，发明家只能与摩根和其他的投资者达成某种口头协议，在马可尼开始从世界各地获得资本和关注之后，因沃登克里弗塔继续吞噬资金，特斯拉不得不为每一美元精打细算。雪上加霜的是，美国专利局屈从于马可尼日益增加的名声，反手把无线电技术专利授予了这位意大利发明家。这一行为后来引发了特斯拉的专利诉讼，不过，官司直到他去世也没有得到解决。

到1903年，特斯拉已囊空如洗。没有钱支付工人的工资，他不得不停下沃登克里弗塔的施工。然而，特斯拉对自己的宏伟计划始终保持乐观，第二年仍对资金到手抱有希望，特斯拉在贸易杂志的一篇文章中对这个问题轻描淡写，说由于"无法预料的延误"，可能也会"因祸得福"。然而，在灾难性的连锁反应中，诸多不顺一再阻碍着特斯拉，他从摩根那里恳求资金，并保证把专利转让费给这位银行家。1904年，特斯拉在科罗拉多州的斯普林斯

1906年6月26日，《纽约美国人》(New York American)报道了怀特被哈利·陶(Harry Thaw)——歌舞女郎伊夫琳·内斯比特(Evelyn Nesbit)的嫉妒丈夫——谋杀的轰动新闻。沃登克里弗塔主要由怀特设计，在他被害时尚未完成且资金不足。

实验室的房屋被拆除,当作木材出售。1906年6月26日,他的建筑师朋友怀特(对沃登克里弗塔做了数不清的改动设计和升级,只有很少的或几乎没有报酬)去麦迪逊大街上的麦迪逊广场花园体育场参加一场演出的开幕式,不料被害身亡。显然,杀害怀特的凶手是一名年轻歌舞女郎的丈夫,他嫉妒怀特,据说怀特与这名女郎有染[后来以这个故事虚构情节改编成1955年的电影《红丝绒秋千里的女孩》(*The Girl in the Red Velvet Swing*)]。怀特的离去让特斯拉悲痛不已,他与怀特第一次相见是通过罗伯特和凯瑟琳·约翰逊的朋友圈。

尽管有各种困难,特斯拉继续前进,为在科罗拉多州发现的驻波努力,他相信驻波可以用来通信,即使那时无线电和电话系统已在快速发展。特斯拉把沃登克里弗塔设想成未来电信的综合体——后来并非联结于一体,而是成为两个巨大的产业。

当然,就预言在贝尔电话网络(后来成为美国无线电公司)中将兴起两个新的工业巨头来说,特斯拉并非唯一的人。他仍然具有远见卓识,他相信开启沃登克里弗塔的工作就会使他们都黯然失色。但特斯拉也知道资金短缺,没能得到他过去熟识的纽约精英人士的赞赏和支持,这不幸引发了他在1905年精神崩溃。

在此期间,特斯拉有意卖掉了他为西屋电气开发的设备的专利权,其价值略高于20万美元,而按当时西屋的收入这些专利至少值1200万美元。特斯拉本应从西屋售出的每台交流电动机收取专利费,那样的话,特斯拉简直可有数十亿进账。

对特斯拉的名声和收入造成重大影响的是,1909年,马可尼因发明无线电而获得诺贝尔奖——这一事件深深刺痛了特斯拉,因为马可尼的技术显然是基于特斯拉的电路图和振荡器原理。(关于马可尼如何在19世纪与20世纪之交前获得特斯拉的创意和原理图,仍有一些争论,但正如1943年的法院判决所指出的,无线电传输的基本原理来自特斯拉的一项四电路电气系

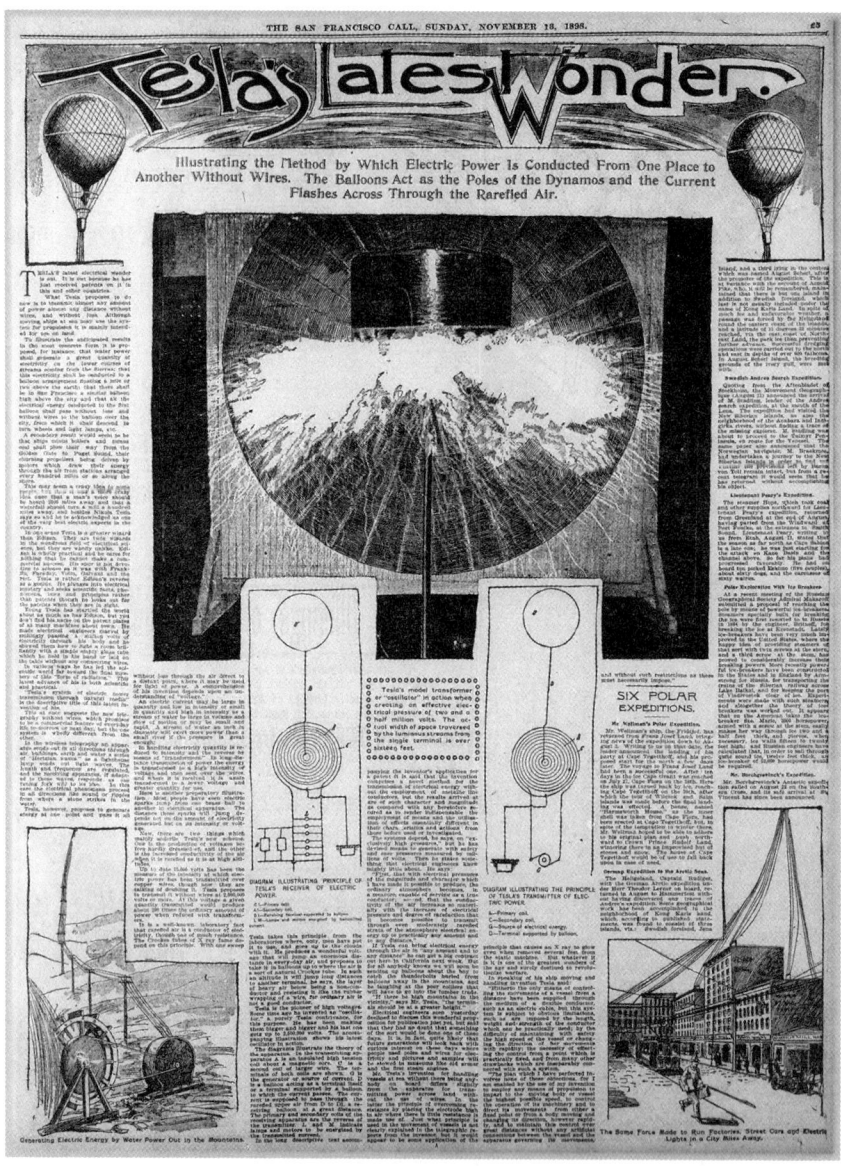

1898年发表在《旧金山通话》(San Francisco Call)上的一篇文章描述了特斯拉用气球做无线传输电力的计划,简图中包含有他的四电路电气系统专利。1943年法院判决,特斯拉在马可尼之前就已经提出无线传输的基本原理。

统专利,特斯拉于1897年提出该项专利申请,1900年被授予专利权。)

由于特斯拉急需资金,1906年,他开始推广无叶片涡轮机,于1911—1912年在纽约的沃特塞德电站进行试验。尽管这些涡轮机具有创新性,但并没有被普遍使用,这成为特斯拉事业中的一个小插曲。此外,涡轮机没有带来特斯拉想要的资金。1912年4月15日,特斯拉的朋友和财政支持者阿斯特在"泰坦尼克"号灾难中丧生,之后特斯拉被迫搬出了华尔道夫酒店。"泰坦尼克"号被誉为"不沉之船",代表着那个时代最坚不可摧的船舶,它在撞到冰山后,曾用马可尼的无线发射机发出求救信号。

1916年,特斯拉在他的办公室演示一个电气仪器。尽管在20世纪头10年遇到了无数次挫折,但这位发明家仍在继续研发、推动和改进他的技术。

沃登克里弗塔陷入停滞期,特斯拉为筹款继续奔走摩根集团。1913年摩根去世后,摩根集团由摩根的儿子杰克(Jack)接管。特斯拉的办公室搬到了伍尔沃思大楼,所用的信笺上仍印有沃登克里弗塔的图案。尽管无法偿还老摩根的15万美元借款，但特斯拉希望小摩根不要像他父亲那样说不。特斯拉把目标放低，向小摩根借10万美元，虽然杰克·摩根已在1913年4月明确表示，"他对新的发明不可能有兴趣"，指的就是资助沃登克里弗塔。不过，小摩根确实还是在父亲去世后按4期付款方式借给了特斯拉2万美元，但只是为了让他开发无叶片涡轮机。随着第一次世界大战要求全世界的主要投资银行提供贷款，杰克否决了特斯拉的进一步要求。

特斯拉承认沃登克里弗塔已经花了50多万美元，他只能再次向小摩根示好。1914年7月，为了争取到贷款，特斯拉以涡轮机未来的收入为保证，他写道：

> "即使我永远不能完成我所从事的任务，只要立即采取一些措施（这些措施只需花费相当少量的支出），我仍可以还清您父亲慷慨提供的贷款。"

该年早些时候，杰克·摩根让秘书写信给特斯拉，让他吃了闭门羹："摩根先生不打算向你提供任何进一步的资金。"到1915年初，小摩根更是直接断了特斯拉的念想："你从我这里得不到任何帮助。"此前一年威斯汀豪斯去世，也没有安排公司向特斯拉提供后续资金，但相对于小摩根来说，至少特斯拉和西屋电气的继任者之间还有开放的沟通渠道。

到1915年底，特斯拉的财务恶化本可以得到遏制，有消息说特斯拉和爱迪生将分享诺贝尔物理学奖。无疑，诺贝尔奖会立马提升特斯拉的声望，而且很可能解决他的资金困境。但这个事情被误传了，两人没有一个去成斯德哥尔摩。

特斯拉的不屈不挠精神

特斯拉最持久的特征可以说是他的韧性:他把信念与坚定的决心结合在一起,即使命运另有安排。还是个小男孩时,特斯拉就曾多次逃离危险和死亡:

> "有十几次我差点儿淹死;有一次几乎活活煮死而被火化。还有被活埋,迷路了冻僵……但当我回想起这些事件时,我确信我留存的记忆并不全是意外。"

如第三章所述,特斯拉幸存下来的某些事例可归于他非同寻常的可视化能力,虽然如果一开始遇险时他没有强烈的求生意愿,即使有可视化能力也救不了他。

从学生时代起,特斯拉有几次精神崩溃,主要是由于工作过度和体力透支。正如他对大学辍学后心力交瘁的描述所示,这些都是真实的身心崩溃:

> "我耳朵的敏锐程度是常人的13倍。然而在那时,可以这么说,与我听力敏锐的时候相比,我在神经紧张的情况下完全丧失了听力。在布达佩斯,我能听到三个房间以外钟表的嘀嗒声。一只苍蝇在我房间的桌子上落下时,会在我耳边引起闷雷般的砰砰声……为了休息,我不得不在床下支上橡胶垫。远处或近处传来的喧闹声,就像有人在我耳边说话……当阳光时断时续时,会对我的大脑造成撞击,让我眩晕……我的脉搏从几次到260次不等,全身的组织都在抽搐和颤抖,这也许是最难忍受的。"

特斯拉的朋友西盖蒂强迫特斯拉和他一起到户外长时间散步,在西盖蒂的精神支持下,特斯拉得以恢复,指出他的康复是"一个神圣的誓言,一个关系生与死的问题。我知道如果我失败了,我会死的"。

特斯拉总能在精神崩溃后找到恢复工作的方法。当然,他的这种工作方法对他来说既是一种麻醉,也是一服良药,因而他必须得学会承认身心的极限来学会照顾自己:

> "当我精疲力竭的时候,我只是……自然地入睡……如果我试图继续被中断的思路,我会感到简直精神恶心。"

特斯拉在常规工作中也发现了很大的好处。1895年的大火毁坏了他多年的研究成果并使他陷入深深的沮丧,他强打精神使自己有规律地工作,以防过度劳累和崩溃的极端出现。虽然我们大多数人对每天朝九晚五的工作有不同的感受,但如果我们的工作有目的性,它就可以起疗愈作用,就像它常常带给特斯拉的那样。诚如特斯拉在自传中所述,他看到了稳定工作的回报:

> "我坚信补偿法,真正的回报与劳动和付出的代价在比例上是一致的。"

特斯拉保持专注于终极目标。他相信所做的一切是让自己经过有史诗般意义的高峰和低谷。一旦离开山谷,他知道能到达下一个高峰。为什么在山谷里度过黑暗的日子要再去攀登?因为这是信念的一部分,它从属于宏大的目标,特斯拉做到了。通过朋友之谊、自我打理、日常生活、人类义务和坚强意志,特斯拉

> 能无数次战胜死亡的威胁、精神的崩溃、研发失败和财务挫折,重新将精力集中于并坚持他的追求,当世界陷入大规模贫困、法西斯主义和战争时,特斯拉的追求变得更加特立独行。

失败和坚韧

没有人的一生能避免困难。在我研究沃登克里弗塔被遗弃和特斯拉破产后他的所作所为时,我也经历了人生的暴风雨时期。我根据《信息自由法案》向政府的不同机构提出的请求没有任何进展。我手头有的只是FBI的文件,告诉我他们已经把特斯拉的文档送到了某个没有名称的政府仓库,真可谓是"夺宝奇兵"。

2008年,在我遇到研究障碍差不多的时间,股市也暴跌了。雷曼兄弟成为有史以来最大的公司破产案,信贷枯竭,恐慌接踵而至,政府不得不出手拯救银行,救助如房地美和房利美这样的信贷机构,以及保险业巨头美国国际集团(AIG)。随之而来的经济衰退夺走了数百万人的工作,政府关闭房地产市场,并强制推出一套新的金融业法规。

过去有7年繁荣的时光,我是在家里办公,坐在彭博社金融数据终端前,一直在为新闻服务撰写有关投资的专栏。当金融危机来临时,我能看到世界正在分崩离析。没有人再过多关注关于投资的个人专栏,因为每个人,包括那些间接资助我写作的华尔街人士,都处于高度不稳定的状态。第二年,当彭博社发觉失去了贝尔斯登[①]和雷曼兄弟等主要客户后,便不再约我开专栏,从此我断了生计。

在那个糟透了的季节,我失去了母亲,是她鼓励我写作和创作,在与白血病长期斗争后,她撒手而去。我也失去了一位亲爱的朋友,他被癌症夺去

---

① 贝尔斯登公司(Bear Stearns Cos.)成立于1923年,总部位于纽约,是美国华尔街第五大投资银行,曾经是一家全球领先的金融服务公司。历经美国20世纪30年代的大萧条和多次经济起落,但在2008年的美国金融危机中亏损严重,濒临破产而被收购。——译者

The following information is required by the Board of Examiners. Failure to give details will delay action on the application.
1. Give full name, date and place of birth.
2. Give general and technical education, where and how acquired.
3. State under which clause or clauses, a, b, c, d, of Section 4, Article II, of the Constitution, application is made, and give full record of professional career, with particular reference to the period of responsible charge or the experience upon which the application is based. *clauses a and d.*

Dates here	APPLICANT'S RECORD
1857	Born Smiljan, Lika, border county of Austria-Hung.
1873	Graduated Higher Realschule, Carlstadt, Croatia
1873-7	Polytechnic School Gratz, – mathematics and physics
1877-9	Univ. of Prague, Bohemia, Philosophical stu. Degrees: M.A. Yale 1894; LLD Columbia Univ. 18_; DSc. Vienna Polytechnic.
1881	Began practical career at Budapest, Hungary, where was made his first electrical invention a telephone repeater, and where was conceived the idea of the rotating magnetic field. Later engaged in various branches of engineering in France and Germany.
1884	Came to the United States, of which he is a naturalized citizen
1886	Invented system of arc lighting
1888	Invented the Tesla motor and system of alternating-current transmission, two-phase and three-phase.
1889	Invented system of electrical conversion and distribution by oscillatory discharges
1890	Invented generator of high-frequency currents
1891	Invented system of transmitting energy over a single wire without return. Invented the Tesla coil or transformer
1891-3	Investigated high-frequency effects and phenomena.

1916年,特斯拉申请AIEE(美国电气工程师协会)会士的照片,展示了他所获成就的详细记录,全部是他自己手写的。

Dates here	Applicant's Record (continued)
893	Invented system of wireless transmission of intelligence
1894-95	Invented mechanical oscillators and generators of electrical oscillations
1896-8	Researches and discoveries in radiations material streams and emanations
1897	Invented high-potential magnifying transmitter
1897-1905	Invention and development of a system of transmitting energy without wires
1898	Invention of a system of transmitting energy with minimum loss by refrigeration.
1901-2	Invention of system for magnifying feeble effects
To present	Most important recent work discovery of a new mechanical principle which has been embodied in a variety of machines such as reversible gas and steam turbines, pumps, blowers, air compressors, etc; having a greatly increased output per unit weight as compared with any other form of machine for like service.

(signed)   Nikola Tesla

NOTE: The Applicant's personal signature, in ink, must appear at the end of this record.
If not sufficient space, the record may be continued on separate sheets of this size.

了生命。悲伤就像一只流浪狗,到处跟着我。接着,我的妻子凯瑟琳(Katherine)被诊断出患乳腺癌,必须接受手术和化疗。她勇敢地接受了积极的化疗,烧灼的辐射,以及两次去重症监护室——全是在社区大学学习期间,难得她通过了所修的课程!这一时期,即使是上天也在打击我们:我们的房子真的被闪电击中——有两次。

就像特斯拉发现,有必要制订一个日常工作程序表以防过度劳累一样,我们家也专注于让我的妻子恢复健康。我们修改了日常膳食,处理掉那些含有致癌物质和内分泌干扰物(如对羟基苯甲酸酯)的个人护理品。

我也被迫重新评估自己作为独立专栏作家的角色。出于必要,我重新定义了我的职业存在的理由:我不再只是一名记者,而应是我的读者的**引领者**。我准备去探索那些困难的、不受欢迎的角落,比如衰老,长期护理,投资者保护和金融滥用,大学贷款和债务,以及退休的阴暗面。渐渐地,我找到了写作的新渠道,通过像国家调查研究基金这样的组织,我得到了更多的演讲机会和特别调查项目。我在《福布斯》(Forbes)上开了一个博客,最终每月的浏览量达到50万次。经历了人生路上的多次坎坷后,我现在从事AARP(美国退休人员协会)、《纽约时报》和其他的国家出版物委派的任务。

在此期间,特斯拉就像一只鸽子飞进我的窗户。这位发明家重新审视并再度运用技巧设计小型实用装置(如速度计和无叶片涡轮机),让我备受鼓舞。在特斯拉不屈不挠的精神中有一种深藏不露的东西。面对金融危机,他依然保持着远见卓识,通过演讲和写作来表达所关心的理念,保持自己在公众视野中的地位。宏大的愿景计划占据了他的余生,特斯拉从不言弃,即使一场大战即将来临,世界正以极快的速度进入一个危险的世纪。

从沃登克里弗塔时代结束直到1943年去世,随着不断发展的20世纪呈现出更为严峻的挑战,特斯拉通过重新定义自己,更深入地探索新理念,使"我们伟大的时代"获得了一丝暖色。

特斯拉式的行为 ❼　有韧性

当特斯拉反思沃登克里弗塔计划的失败时，他留下了一些至理名言：

> "我的计划受到的是自然规律的阻碍。世界还没有为此做好准备，它太超前于这个时代了。不过相同的规律最终会起作用，使它获得胜利，取得成功。"

韧性总是需要你正确看待个人的失败，把它们置于更大的历史背景下观察，这是我在绝望中得到的启示。并不是关于我个人；是关于在帮助我的家庭时我所扮演的角色，这意味着我的写作和其他的工作涉及更广泛的服务，并非自助式服务。

在我自己的生活中，我面临着家人的疾病和收入减少带来的严重挫折，因而，就像特斯拉一样，我必须重新定义自己的目标，把一只脚放在另一只脚的前面，直到我能爬出陷我于此的深坑。那种"不要为小事烦恼"的陈词滥调，大多数情况下可能是个好建议，但是当你试图从一场健康或职业危机——一度动摇了你的世界观和对未来的信念——中恢复时，那些小事会奇妙地分散你的注意力！所以，要离开脸书（Facebook）和那些有严重副作用的药物。改善你的饮食，坚持每天散步。

失败不一定是单向地坠入深渊。事实上，这个说法很有启发性。你的创造力并不会因为你经历了一些挫折而自动衰减，甚至你的创造力有可能变得更强。尽管特斯拉的梦想计划未能吸引到所需要的资金，但他在沃登克里弗塔之后继续前进，将他的创造性技巧应用到解决较小的问题上，由此取得了一些成功。他长时间散步、写作、阅读经典。他通过写作来使自己的想象保持鲜活，并最终吸引住了那些仍旧关心他的理想主义观点的记者。尽管特斯拉的高风险大型实验计划事实上不能商业化，但他从未停止过创新。

持久的愿景也很重要，乔布斯在20世纪90年代从苹果电脑公司退出，如果他决定不再做技术业务了呢？我们岂不是将永远不会有iPhone或iPad或随之而来的数百项创新了。你不必把你的生活和梦想绑在一起，你仍然可以在车库里搞点修补，如许多硅谷企业家曾经做的那样——并且他们仍旧在这样做。你可以在晚上放逐你的激情，因为对支付账单没有什么不妥。

虽然特斯拉在孤独中度过了大量的时间，但若没有朋友和同伴的同情和帮助，他也不可能克服每一次挫折。当你正从重大挫折中恢复，或只是在艰难地完成一个巨大的项目，不要忘记你需要和朋友、家人以及可能的商业伙伴交谈（和倾听）。我确信我所有的朋友和熟人都厌烦了我对他们说：我"仍在"写特斯拉的书。"你不是已经写好了吗？"他们会抱怨。然而，在好时代和坏时代，在这个世界上崭露头角仍然是非常重要的。展示你的工作。网络。参加讲座。社区志愿者。与你的家人在一起。保持好奇心。与做过一些重要事情的人交谈。

没有一个适于度过艰难时期的版本，不管你走哪条路，都可能是凌乱和非线性的。通过观察和做不同的事来丰富你的经验。去看舞蹈表演或雕塑展览。打鼓，弹钢琴，或打保龄球。在一个下雪的冬日到树林里散步。在你的生活和目标之外表明你的存在。

在冬季黑暗的早晨，韧性是催你起床的生命能量。如果像特斯拉和其他许多人一样，你相信生命能量或灵魂本身真实如电流——我们可以传递电流——那我们也可以从宇宙中接受免费的能量。只要我们坚持足够长的时间，也许就会有一个反馈回路提供我们所需的能量（以及我们渴望的机会）通往成功。勇气可以使你继续前进。

第八章
四季皆宜的人：
适应动荡的新世纪

> 特斯拉是少数派一员，他不仅向我们的地球惠赠和平知识和技术发明进步，而且也给予我们应该采取行动的和平频率……
>
> ——普尔列维奇（Mirjana Prljevic），
> 和平与危机管理基金会执行董事

章首图

伯纳姆和贝内特（Edward Bennett）编制的《芝加哥规划》（*Plan of Chicago*, 1909年）中的这幅插图显示，"规划的林荫大道连接起北边和南边的河流"。这个规划为现代化、有效率的大城市奠定了基础，由特斯拉的交流电提供电力。

鱿鱼状的机器,像是威尔斯或凡尔纳(Jules Verne)小说里的某种东西,但这是1903年,已进入20世纪。蒸汽爱好者兴奋地围着这个庞然大物举行了一场电子狂欢,一个三层楼高的圆筒形装置,侧面是双层的椭圆形舷窗,看起来更像是《海底两万里》中尼莫(Nemo)船长潜艇上的指挥塔,而不是它原本的面貌:一场称为涡轮发电机的工程革命。不过,英萨尔——在用特斯拉的技术经营着芝加哥爱迪生公司——正准备为启动这只笨重的家伙点火。

通用电气最优秀的工程师们设计了这台宏伟的设备——当时世界上最大的汽轮机——这只是猜测,如果它运行,那会非常壮观。如果它失败,英萨尔推测他将失去所有的投资(保险公司不会为这种新尝试担保)。但如果成功,他就可以用特斯拉的交流电技术为芝加哥和其他城市供电。

当时的芝加哥擅长规划未来。6年后,伯纳姆和贝内特将为这座城市提出一个全面的总体规划,以适应快速增长的人口。芝加哥不仅用一个中心规划(包含大量的绿地、湖滨公园和工业园区)改变自身;而且它也在进行大

图中巨大的5000千瓦涡轮发电机由通用电气设计,1903年安装在芝加哥联邦电气公司的菲斯克街发电站。

型发电厂的改造，以为钢铁厂、汽车制造厂和肉类加工厂提供电力。这座城市的领导者的想法是实施保证提高民众生活质量的大型工程。来自密歇根湖的水源被过滤和消毒，城市污水将通过改变流向的方式排入芝加哥河（这里要对圣路易斯、孟菲斯和新奥尔良等城市说对不起了）。让马车和蒸汽引擎的汽车从街道上消失，空气、大地和水变干净。一座在沼泽地上建立的城市诞生了摩天大楼、电梯、现代化工厂和郊区住宅。

早在离开爱迪生和他厌恶的摩根商业联盟之前，英萨尔就在筹措资金建立自己的电气帝国，他将交流电带到芝加哥、中西部甚至更远。在兼并了几家小公司后，英萨尔希望能够扩大规模为整个芝加哥供电，当时芝加哥是世界上发展最快的大都市。菲斯克街发电站的巨大厂房为特斯拉的技术提供了舞台。这是一个新的燃煤发电厂，坐落在芝加哥市区南边，毗邻芝加哥河。

英萨尔最初考虑在发电站使用老式的往复式蒸汽机，但因为这种机器已经到了运行极限，最后他还是否定了这个想法。英萨尔刚拿下一份运营合同，用老式的蒸汽机可以生产出他需要的电流，可以为城市电车系统提供动力，但是为了产生足够的能量以满足需求，蒸汽机要大到占据相当于芝加哥整个市中心的面积。那显然是不行的。

旧机器有着巨大的摆动臂，靠间歇的蒸汽产生机械能，驱动皮带轮连接到发电机。这种系统效率极低，很容易发生故障，很多能量都在发动机和发电机之间损失掉了。

当英萨尔要求通用电气设计一台涡轮发电机时，他个人承担了财务风险，必须承认这是一个设计杰作，从锅炉直接引出蒸汽来驱动涡轮机，与发电机共用一根垂直轴，这种设计压倒了19世纪已有的发动机。对英萨尔更具吸引力的是，新的5000千瓦发电机组所占空间仅是往复式蒸汽机系统的十分之一，而成本不到原系统的三分之一。

在启动涡轮发电机的关键时刻，英萨尔的首席工程师萨金特（Fred Sargent）建议英萨尔离开机房大楼，以防发电机组万一出事会伤及在场的人。

"为什么？"英萨尔问。

"这是很危险的事,"萨金特回答,"**这该死的东西可能会爆炸!**"

"好吧,"英萨尔说,既然他把一切都押在这台机器上,现在听天由命了,"如果它爆炸了,我也跟着它爆炸。我要留下来!"

发电机当当作响,但最终成功运行。英萨尔接着建造更大的中央发电站,把电力出售给大众。

第二次工业革命由特斯拉的操作系统作为动力,使得从大规模生产的商品到公共交通工具都变得经济而实惠。如今每个城市都有路灯和电动公共交通,你可以住在郊区,乘坐通勤电动列车方便地进到城市的中心商业区。你在家里,可以享用各种各样的电器。你不仅可以安全地照亮各个房间,也可以用电风扇给房间送来清凉。你可以用吸尘器清理地板,而不再需要敲打地毯。在未来的几十年,收音机将成为最受欢迎的娱乐工具,直到电视时代到来。气候炎热的城市,像迈阿密、新奥尔良、亚特兰大和菲尼克斯,可能已使用空调,这是由卡里尔(Willis Carrier)在1902年发明的。

这一切,都与特斯拉有关。

不过,回到沃登克里弗,特斯拉风光不再。由于所有形式的电子设备都被政府法令所限制,政府干预并中止了特斯拉对马可尼的专利诉讼。尽管总统威尔逊(Woodrow Wilson)不想加入"结束所有战争的战争",但两年前德国一艘U型潜艇击沉英国皇家海军"卢西塔尼亚"号(Lusitania),还是擂响了战鼓。这次事件夺走了近1200人的生命,船上装载着一些战争物资,尽管该船的主要目的是从纽约到利物浦的民用运输。特斯拉曾简单推销过他的创意,用他的无线发射塔作为电子"盾牌"抵御敌人入侵,但政府却不想冒任何风险。

带着遗憾,特斯拉在1917年离开了奢华的华尔道夫酒店,再未称它是他的永久居所。在约翰逊家的告别晚宴上,特斯拉的穿着像一位伯爵,"手杖,白手套,还有他最喜欢的绿色绒面高领上衣",塞费尔写道,特斯拉前往芝加哥,尝试为派尔国家公司开发他的无叶片涡轮机。凯瑟琳·约翰逊虽然患着流感,仍然穿上华丽的长裙,含泪向特斯拉道别,看到这位发明家走出她的家,离开这座城市,离开她的生活,她的心都要碎了。

重回起点

特斯拉从芝加哥酒店出来散步,距离他20年前在世博会上大获成功的地点只有几个街区,他陷入沉思:如果传输第一个跨大西洋信号的是沃登克里弗塔而不是马可尼,或者如果他获得了所需的资金,可以提供跨越大洋的全球电力和信息,那么可能会发生什么?特斯拉好奇地盯着曾经是世博会宏伟的艺术宫的三层绿色穹顶,它由女雕像柱守卫——巨大的希腊少女雕像充当柱子,就好像是古代女神托举起这座纯粹理想主义的神殿。不过,艺术宫在博览会之后失去了魅力。尚不清楚特斯拉是否见过西尔斯·罗巴克公司①的执行官、慈善家罗森沃尔德(Julius Rosenwald),是他拯救了这一建筑艺术杰作,9年后,它被改造成科学与工业博物馆。其模式参照了规模稍小一些的、重点展出科学技术的德国博物馆。

从照片可见艺术宫原来的正门,有华美的希腊女像柱,这是1893年世博会时的面貌。1933年,艺术宫转变成著名的芝加哥科学与工业博物馆(见本书第109页)的主体部分。

---

① 西尔斯·罗巴克(Sears Roebuck)公司最初是以向农民邮购起家。为顺应市场形势的变化,公司不断调整经营销策略,从而以惊人的速度发展,20世纪初成为美国零售业销售额排行榜第一名。——译者

不确知特斯拉是否走过了几个街区去看看年轻的芝加哥大学在发生着什么,这是一个正在探索从原子的本质到美国教育改革的进步大学。其后一年内,该大学将任命波兰裔美国海军军官迈克耳孙(Albert Michelson)为新成立的物理系首任主任。迈克耳孙发明的干涉仪使科学家能够测量恒星的直径,除此之外,他因研制精密光学仪器荣获1907年的诺贝尔物理学奖。1887年,著名的迈克耳孙-莫雷实验确定了光速。

当战争快结束时,在1918年的大部分时间,特斯拉在芝加哥研究他的新涡轮机,其间遇到许多技术障碍。尽管特斯拉说他喜欢在派尔公司工作,但该公司并没有支付他应得的全部费用,特斯拉估计这笔钱超过1.2万美元。当派尔公司寄来一张1500美元的支票时,特斯拉深感受辱,尽管身负重债,他还是把支票退了回去,而后离开了这家公司。这期间,特斯拉在纽约的办公室被查封,他的专利已经过期。虽然特斯拉通过改进汽车速度计(这是与沃尔瑟姆钟表公司合作研发的,并于1918年获得专利)赚了点钱,但仍不足以还清他的账单。特斯拉还研制了阀门和"射流二极管"(或称"逻辑门"),据工程师安德森(Leland Anderson)说,可用于"逻辑电路和简易射流计算机"。然而,在去密尔沃基和波士顿研究涡轮机和速度计之后,特斯拉未能就预付款和专利使用费进行谈判以弥补他增加的成本。

1919年,特斯拉的崇拜者、活动策划者、《电气实验者》的出版商雨果·根斯巴克(Hugo Gernsback)说服特斯拉在该杂志上连载他的"自传"。在相对较短的文本中,特斯拉讲述了哥哥去世给他带来的痛苦,他所受的教育,他为爱迪生工作的岁月,以及他早期的科学发现。特斯拉的文章刊出后很受欢迎,推动该杂志的发行量超过了10万册,使之成为那个时代的《大众科学》。这些文章最终结集成书,书名为《我的发明》,这部自传(在本书中大量引用)提出了关于这位神秘发明家的某些启示。对于摩根、爱迪生,以及其他时而帮助过他,时而使他生活变困难的人,特斯拉的描述是豁达大度的。特斯拉就灵性提出他的见解,并津津乐道他的新的无叶片涡轮机,他认为这会彻底改变能量传输:

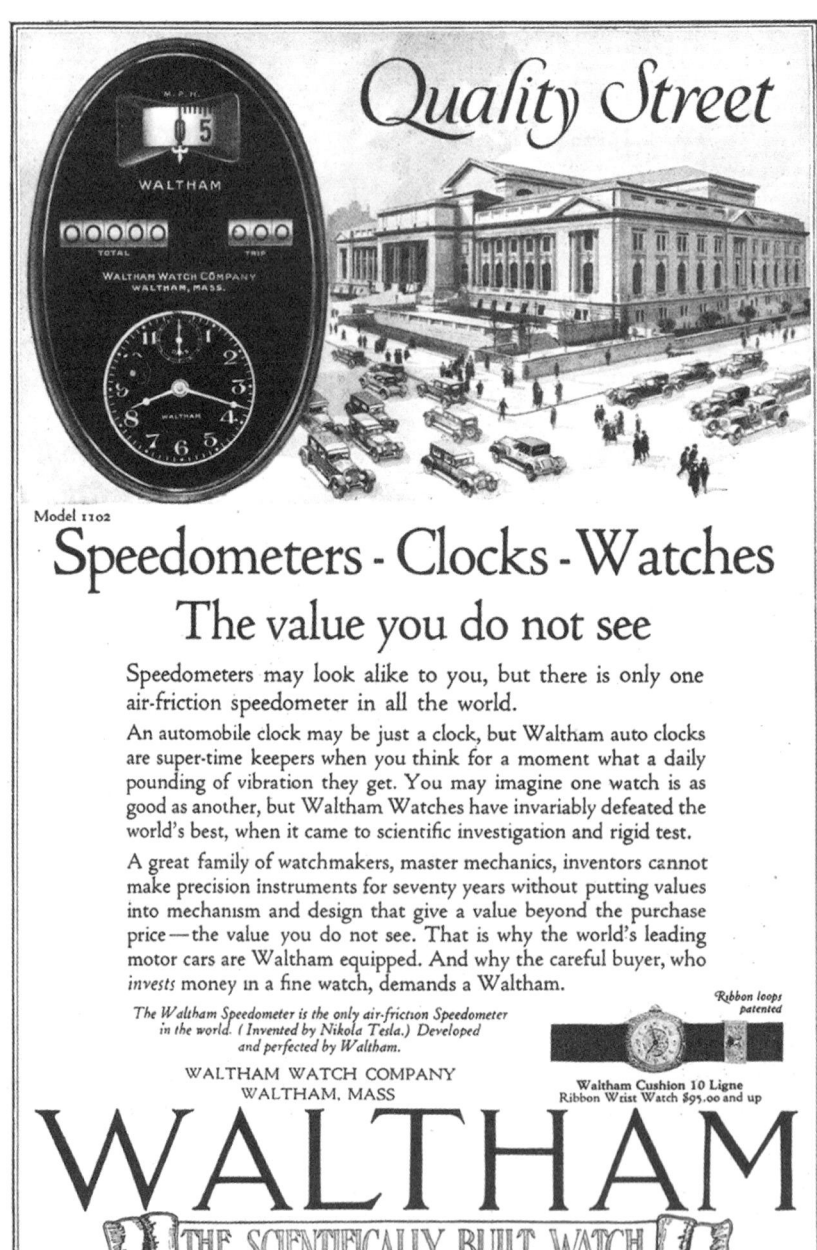

1922年的一则汽车空气摩擦速度计广告,速度计由特斯拉与沃尔瑟姆钟表公司于1908年合作研发。

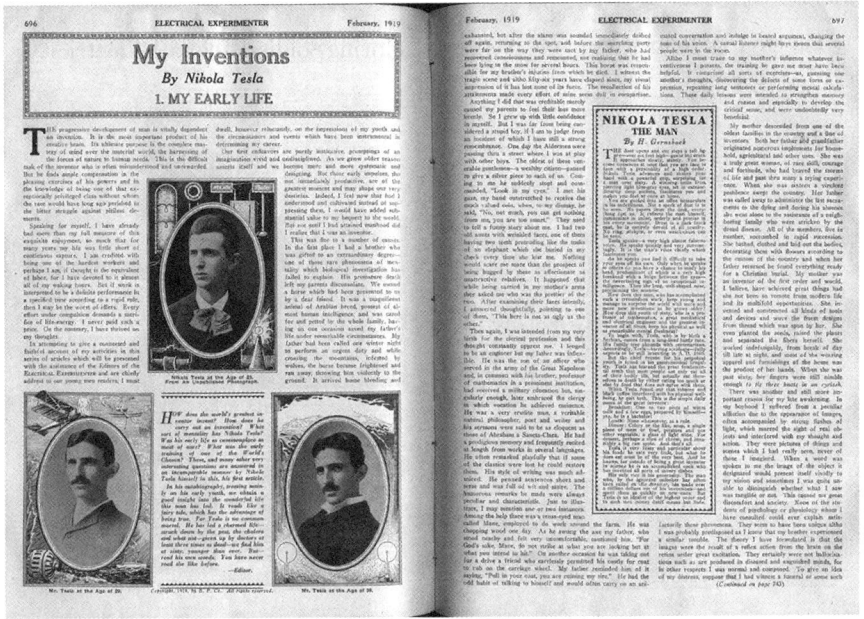

《电气实验者》特斯拉连载自传的首页,这个连载使得该杂志的发行量超过了10万册。

"旋转磁场的预期效果并不是使现有的机器变得失去价值;正相反,是赋予它额外的价值……我的涡轮机是一个有完全不同特征的技术进步。从某种意义上说,这是一个根本性的转变,它的成功将意味着放弃已花费了数十亿美元的过时原动机。"

在繁荣的20世纪20年代,虽然特斯拉的商业事务一团糟,但他的声誉有所提升,对外也不再高调张扬。回到纽约,他住进了圣雷吉斯酒店。特斯拉总是不愿与人握手,对吃的东西很挑剔,如今也有细菌恐惧症,他还是严格的素食主义者。特斯拉开始夜里在城里漫游,在42街的图书馆附近喂鸽子,在进酒店前,特斯拉要绕这个街区走三圈,小心避开人行道上的裂缝。没有配偶也没有伴侣,与约翰逊夫妇分开(约翰逊被总统威尔逊任命为驻意大利大使),特斯拉成了快乐自我的幽灵。

特斯拉认为他的无叶片涡轮机(这里显示的是拆去铁盖的上半部分)是一项真正的范式转换技术,将使所有现代的热发动机都显得过时。正如耶鲁大学电气工程教授查尔斯·斯科特(Charles Scott)所调侃的:"那些将会成为一堆废铁。"

特斯拉最后试图重振沃登克里弗之梦的努力之一,是将目标对准西屋电气,当时该公司由赫尔(E. M. Herr)领导。1920年10月,在一封写给赫尔的信中,特斯拉推销了他那"世界系统"的价值:

"正如你从报纸上看到的,通用电气公司显然在努力实现我的'世界系统',但他们绝不会成功使用任何此类装置……如果你渴望开创一个无线系统,比目前使用的领先一个世纪,我可以让你做到。"

由于特斯拉早几年就撕毁了与西屋电气的专利权合同,这家电气巨头再没有与之打交道的经济约束,公司开始发展无线电业务,在匹兹堡创办了KDKA,这是美国最早的广播电台之一。该电台于当年11月2日开播。KDKA上线后的10天里,特斯拉一直缠着赫尔,要求他遵守早先的"诚信",

即"[特斯拉]可能向公司提出的任何要求都不应被拒绝"。

但赫尔对特斯拉的想法并不感兴趣。他正指导着公司自己设计的一个系统,这个系统已在运行,随着世界逐渐接受并喜爱上作为大众传媒的一种主要形式的无线电广播,这一系统将获得商业上的成功。特斯拉必定感受到了他人开发他的想法并从中获利的苦涩,他对赫尔在用的系统进行诋毁:

"整个世界现在都在上马极其低效和昂贵的装置,一旦我的系统投入运行,所有这些设备都得拆除和重建。"

这封信以"无线传输能源是我毕生的工作"结尾,特斯拉恳求赫尔安排与他会面。不过,不到三天,赫尔回复:"我不能继续发展任何有关你这方面的活动。"

特斯拉与西屋电气的最后一次联系是在14年后,当时公司同意与他签订一个作为"咨询工程师"的合同,每月付他125美元——考虑到当时正处于经济大萧条的中期,这是一笔慷慨的金额——然而对于曾为西屋电气带来数十亿美元的特斯拉而言,这是一个令人沮丧的结局。

特斯拉重新定位业务

尽管与西屋电气的合作陷入了僵局,但特斯拉继续与沃尔瑟姆公司合作改进他的速度计。这位发明家把自己重新定位为一名通用工程的发明家,他的新办公室位于西40街,离后来的帝国大厦所在地不远。当时特斯拉的信笺抬头夸耀地印着:"蒸汽和燃气涡轮机;鼓风机,压缩机,真空泵;电动喷泉;机械振荡器;精密仪器;高频发电机;避雷器;防干扰装置;振荡变压器和科学新奇。"

特斯拉没有具体说明"科学新奇"的含义。但这很可能是对他的遥控船、电动喷泉或远程动力学的间接暗示。特斯拉也没有提到沃登克里弗;该塔的标志被一个没有灵气的无叶片涡轮机的剖面图所替代。

随着新品牌的推出——特斯拉不再标榜自己是改变世界的理想主义者——1922年初,他再次向小摩根发出呼吁,出资3.5万美元启动以速度计(一种"空气摩擦速度指示器")技术为基础的新业务,每年生产300万件。为了增加吸引力,特斯拉保证会将沃尔瑟姆公司三分之一的专利费付给摩根公司。然而,就像他与小摩根的最后一次接触一样,结果还是不了了之。

与此同时,特斯拉的声誉继续为全世界关注,这将发明家引向不稳定的政治局势中。整个西方文明的核心正受到共产主义和法西斯主义在欧洲崛

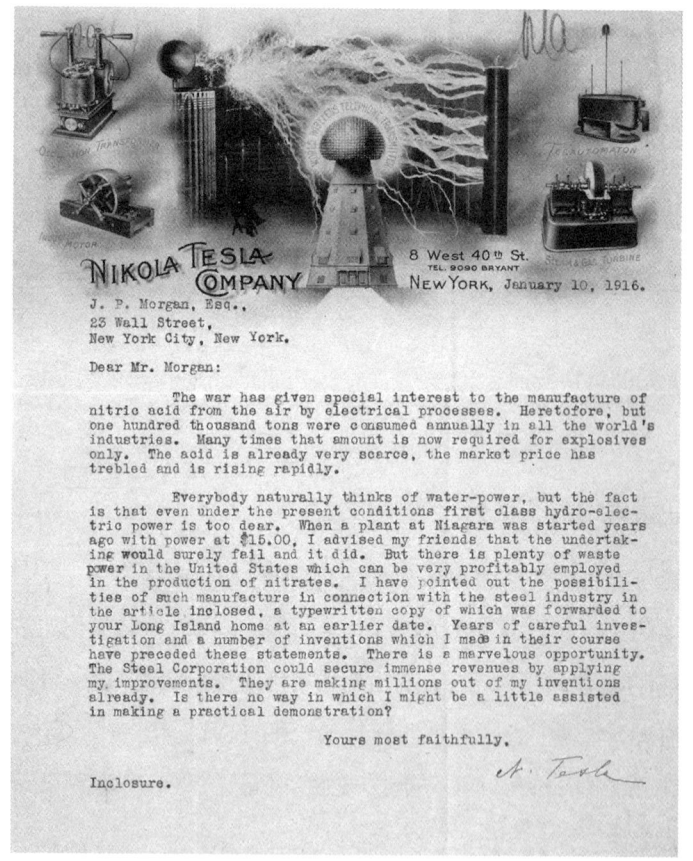

在特斯拉1916年1月10日给小摩根的打印信件中,所用的信笺抬头仍然有那个倒霉的沃登克里弗塔的形象,但是环绕的其他技术形象强调了他作为一个实用发明家的范围。

起的威胁。虽然数百万的美国人不愿与另一场大规模的欧洲冲突有任何关系,但美国政府不想在酿成的风暴越过大西洋(或太平洋)时措手不及,而纽约媒体因特斯拉提出的武器系统理念向他积极示好。

列宁(Vladimir Lenin)领导布尔什维克创建了苏联,希望特斯拉在俄罗斯建立一个交流电系统——即使俄罗斯人民正在挨饿。联邦特工正在监视特斯拉和那些试图引诱他进入共产主义领域的秘密组织。不过,这位瘦削的发明家更在意深夜散步和照料纽约的鸽子。

相比之下,其他人继续向爱迪生表示敬意,爱迪生沉醉于个人名声,尽管他在修补失败的创意,如将一枝黄花转化为橡胶,同时他与好友福特和费尔斯通(Harvey Firestone)[①]密切交流。在生命的最后几年,爱迪生试图重塑潘恩(Thomas Paine)[②]的形象,作为美国革命策划者的小册子作者,潘恩的名声已经下降。在爱迪生1925年写的文章中,他赞扬了《常识》(Common Sense)一书的作者——潘恩,说他设计了铁桥和空心蜡烛,理应作为一位发明家被记住:"他对各种各样的事物都感兴趣;但他的特殊信念,居第一位的想法是自由。"历史将有力地预示,很久之后爱迪生的发明会被更好的、更高效的技术替代。事实上,那些以"爱迪生"冠名的主要公用事业公司采用的是特斯拉的技术,而不是爱迪生枉费气力提倡的直流电系统。

20世纪20年代,随着现代电气时代兴起而兴盛的消费文化形式不断发展,从纺织品到电熨斗等消费品,全世界每个行业都出现了前所未有的增长。从家庭主妇到机床操作工,每个人的生产效率都能上百倍地提高,因为英萨尔的联合大公司、通用电气和摩根旗下的公司以及其他大的区域联合企业都在普遍地提供电力。那是一个新的、经济繁荣的时代,人们去办公室工作而不再去工厂和农场,乘用电梯而不再是马车。

---

① 费尔斯通(1868—1938),美国橡胶和轮胎制造商。1906年成为福特汽车公司的主要轮胎供应商,后与福特成为至交。——译者

② 潘恩(1737—1809),英裔美国思想家、作家、政治活动家。美国独立战争期间,他撰写了广为流传的小册子《常识》,极大地鼓舞了北美民众的独立情绪,也被视为美国开国元勋之一。——译者

1916年1月,《世界杂志》(The World Magazine)刊登的一篇文章描述了特斯拉将无线技术应用于国防的早期创意——特斯拉持续推动这些创意,因为纳粹主义对西方文明构成了严重威胁,这也预示着现代无人机战争的到来。

1922年出版的《科学与发明》杂志刊载了保罗为科幻小说《豪华公寓》(Apartment De Luxe)绘制的插图,该图展现了当时想象的最先进的电气设备。

然而，当时有一股暗流涌动。像三K党之类的仇恨组织甚至在印第安纳等北部州也在抬头，而工业界的标杆人物福特公开对反犹太人的言行进行抨击。股市则引发了另一场狂热。有组织犯罪在禁酒令实施"干的"年间上升。无论世界上产生什么样的新财富，其分布并不均衡——尤其是在欧洲，其经济因世界大战的后遗症而裹足不前。剥夺公民权的恶龙在蠢蠢欲动，这种情况下，特斯拉的"世界系统"越来越被视为保护民主的资产。虽然那时特斯拉已作为实用发明家在过着平静的日子，他继续推广他的系统，强调其促进世界和平——除了保护之外——的潜力，要给它更多的经费支持。

特斯拉最后的发明

进入20世纪30年代，特斯拉仍试图与西屋电气建立工作关系，虽然当发明家于1930年指责西屋电气侵犯他的专利权时，双方的关系已经恶化了。特斯拉对簿公堂，从他早期的发明中获得了一些专利费，包括20世纪20年代改进的速度计。看到收音机风行且随着大规模家庭电气化走红，特斯拉必定觉得非常委屈，因为他没有从他的基础技术中拿到一个硬币。

特斯拉的最后一项专利，是1928年他72岁时申请的，与电气工程无关。特斯拉希望改进直升机的设计（这源于他在1921年的发明），他绘制了垂直起降（VTOL）车的图纸，这也许是自达·芬奇时代以来直升机研究的第一次。关于特斯拉VTOL的有趣之处不是它那带无叶片涡轮机的设计，而是它没有机载电源。它被设计成由特斯拉的放大发射机网络供电，他仍抱着希望在沃登克里弗建造第一个这样的网络。

"空中机器将环绕世界不停地飞行。"特斯拉早在1900年就预言过，那时他刚在沃登克里弗破土动工。这位思维进入更远的未来的发明家想象了其VTOL的轻巧版，重量低于250磅[①]，可以"穿过街道，放进车库"。

在特斯拉申请了他的最后一项专利后，令人眼花缭乱的全球航空旅行很快便风靡美国。前一年，林白（Charles Lindbergh）从东海岸直飞巴黎，成

[①] 1磅约为0.45千克。——译者

为国际英雄。现代社会不仅热爱电力，也欣然接受无限制旅行的观念。当你可以用几个小时飞到某地时，为什么还要乘坐缓慢的轮船或火车好几天呢？为了与爱因斯坦的相对论观点保持一致——物理规律仅受重力和光速限制——为什么人们不能随时随地旅行，甚至可能进入太空？这就是20世纪20年代末现代性的承诺。

特斯拉、鲍伊和《致命魔术》

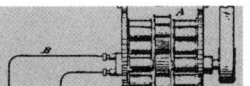

当我潜心研究特斯拉在科罗拉多州斯普林斯所作发现的重大意义时，我偶然看到了诺兰（Christopher Nolan）2006年执导的宏伟电影《致命魔术》（The Prestige），影片根据英国作家普里斯特（Christopher Priest）的小说改编，剧情围绕19世纪末两位充满报复心的魔术师竞施才艺而展开。

片中的一位魔术师安吉尔（Robert Angier）由休·杰克曼（Hugh Jackman）饰演，安吉尔的妻子在一次表演中因另一位魔术师的蓄意之举而丧命，从此以后这两位魔术师倾尽半生心血试图破坏对方的表演，同时欲使自己的表演更加吸引眼球。安吉尔指责另一位魔术师博登（Alfred Borden）——由克里斯蒂安·贝尔（Christian Bale）饰演——需为其妻之死负责，执意要摧毁他的对手。

两位魔术师都想展示绝活：从舞台上消失，又突然在其他地方出现。当然我不会剧透——你会想要看上几遍影片以享受它那令人愉悦的神秘——当安吉尔前往科罗拉多州斯普林斯时，故事有一个惊险的桥段，他在那里遇见了正在山里做实验的特斯拉。特斯拉由影坛号称变色龙的大卫·鲍伊饰演（就在我写这一章时他去世了）。

尽管鲍伊与特斯拉的相似度并不理想，但对于饰演著名的发明家来说，想必没有比这位标志性的摇滚明星更好的人选了。鲍伊和特斯拉两人展示的形象大为不同，却都有一种神秘的光环，在他们的鼎盛时期都非常受欢迎，也激励了成千上万的人。

2014年,鲍伊在芝加哥当代艺术博物馆的演出大受追捧,他是不断尝试改变的"文化客迈拉"(参见引言)。这位摇滚明星演唱去天堂旅行的歌,而后变身成一个华丽的摇滚英雄,再后来变成一个R&B歌手,接下来是冒险进入电子乐、流行乐、爵士乐和卡巴莱歌舞表演。鲍伊的无数次化身——甚至在他弥留之际——让同时代的人喘不过气来。无疑,鲍伊是位一流的创新者,他甚至以他激进的新自我观念和创造的人物形象,影响了时尚界和戏剧影视界。

1976年,大卫·鲍伊扮演的瘦削白公爵——这是他漫长演艺生涯众多角色中的一个。

在现实生活中,鲍伊在重塑自己和周围的世界方面比大多数摇滚英雄走得更远。鲍伊意识到录音世界正在远离黑胶唱片和CD,他在1996年推出了首支可下载单曲。使用当时的互联网技术完全下载需要大约11分钟,但鲍伊并没有让这点问题阻止他。这位"文化客迈拉"基于他将来的音乐版权税,也首创了衍生品债券,后来被称为"鲍伊债券"。1998年,他成立了自己的互联网服务提供商,甚至还赠送20兆的存储空间，以便他的粉丝可以建立自己的主页。

随着时尚、音乐和戏剧潮流的变化，鲍伊也在与时俱进，他把自己变成音乐制作人和导师，他一直支持那些在"正常"职业边缘的人。我的兄弟汤姆（Tom）——一位艺术家和药物滥用治疗师，称鲍伊的音乐是"我生命中的配乐"。

当鲍伊饰演的特斯拉出现在银幕上时，他向魔术师安吉尔承诺，将为安吉尔创造一台新机器以换取一大笔资金，你能感受到这位艺术家的表演魅力，尽管现实生活中的特斯拉绝不可能有如此科幻的行为，影片将这位发明家描绘成一位魔术师，坚称自己的高压传送装置"是科学，不是幻觉"。这部电影根据小说改编，把特斯拉描述成在1892年是"爱迪生的一位合伙人"，显然有失准确［亨特（Samantha Hunt）的《发明其他一切》（*The Invention of Everything Else*）中包含了一个更真实的——虽然是虚构的——对这位发明家的描述］。事实性错误除外，鲍伊赋予角色严肃性，许多人过去和现在仍在努力理解他。像特斯拉一样，鲍伊是一个四季皆宜的人。

世界瓦解了

到1929年底，当股票、商品、房地产价格暴跌，世界陷入大萧条时，乐观主义成了罕见的情绪。一个曾经充满希望、自由、便利和流动性的工业化世界，试图在数百万人失业的情况下，避免大规模的绝望。

就在市场崩溃之时，英萨尔正在庆祝新芝加哥歌剧院的开幕，这是由他投资兴建的建筑，他在这栋大楼的顶层有公寓，看完演出就住在那里。尽管英萨尔努力保持着他旗下65家公司的股票，但它们就像一个脆弱的七巧板连接在一起。英萨尔控股的公司倒闭，股票变得一钱不值，正在走向破产的边缘，但他继续在经济上支持特斯拉。根据1929年底到1930年秋两人来往的信件，英萨尔总共给特斯拉寄了4000美元的支票。以2016年通货膨胀调整后的美元计算，这几乎相当于5.7万美元——考虑到大萧条时期大约四分

从这张1931年的照片可见,失业者在芝加哥一家由卡彭开设的救济厨房外排队。店面招牌上写着"为失业者免费提供汤、咖啡和甜甜圈"。

之一的美国劳动力在失业,这是一个惊人的数字。1930年美国家庭平均年收入仅为1500美元。

尽管特斯拉无法与英萨尔有巩固的盈利业务关系,但是当这位公用事业巨头成为美国最遭唾骂的人之一时,特斯拉仍然是英萨尔情感上的支持者。在经济崩溃之前,英萨尔是商界名流,他的点金术能把所触及的一切——从电力公司到铁路线——变为黄金。人们会在街上接近他打探股票消息,想象一下比尔·盖茨(Bill Gates)和沃伦·巴菲特(Warren Buffett)的组合,那就是1930年以前英萨尔的形象。

由于成千上万的人现在持有的英萨尔公司牌子的股票分文不值,英萨尔变得比卡彭(Al Capone)①更声名狼藉。至少卡彭向教堂捐过款;人们普

---

① 卡彭(1899—1947),20世纪20年代是芝加哥一个犯罪组织的头目,是美国历史上最著名的黑帮分子之一。尽管有着黑道背景,卡彭却多次向不同的慈善组织和社团捐款,公众形象颇为高调。——译者

1934年，倒下的电力巨头英萨尔在阅读《每日新闻》(Daily News)上关于他的故事：从欧洲返回面临在芝加哥的审判。

遍认为，英萨尔从股票销售中盗取了资金，在民众开始挨饿时将其存放起来。1932年，罗斯福总统在阐述新政的竞选演讲中指出，英萨尔是导致大萧条的主要罪魁祸首。

英萨尔向公众直接出售股票的创新导致了他的失败。正是英萨尔，不仅倡导了"公有"公用事业的理念——他在中西部挨家挨户地兜售他的公用事业公司的股票——而且还支持国家委员会"监管"公用事业费率，这是至今存在的一种独特的准政府模式。然而，英萨尔严重地过度杠杆化，他的狭隘排外的金字塔式控股公司彼此持有股票，在1929年的抛售之后，这些公司

(大多数为纸业公司)的股票价值便蒸发了。

英萨尔担心会在芝加哥的火刑柱上被烧死,他逃到了欧洲,最终在雅典落脚。罗斯福强烈要求引渡英萨尔,从那时起英萨尔被指控犯有欺诈罪,最终在土耳其落网,并被带回芝加哥接受审判。

英萨尔最初是由主持过卡彭逃税案的同一位法官在同一间法庭审判,虽然公众对英萨尔的敌意成倍地增加,但经过三次审判后,英萨尔、他的儿子及几个同伙均被宣判无罪。证据表明,英萨尔试图为支撑本公司的股票而破产。从经济上说,他和他的船一起沉没了(不像今天大多数的CEO,他们会用数百万美元的"金降落伞"逃脱刑事指控)。

1932年6月,就在英萨尔成为美国历史上最大的商业破产案的中心话题(好比后来的雷曼兄弟)时,特斯拉给英萨尔发了这封电报:

"这个世界正享受着你的天赋和进取心带来的不可估量的好处。对任何人都已足够荣耀。我衷心地祝你长寿和幸福。"

在特斯拉1935年寄给英萨尔的最后几封信中,有一封是他称赞英萨尔经过三次欺诈罪审判后被宣判无罪。特斯拉写道,他"为这个决定而高兴",并称英萨尔是"一个伟大的人,为世界提供了价值不可估量的服务"。

特斯拉的赞扬过分吗?这两人都**相信**他们在各自的灾难后会重新崛起。20世纪30年代末,当公众已无意关注特斯拉和英萨尔的成就以及他们与巨大灾祸的斗争时,这两人仍旧对自己以及对方保持着信心。

特斯拉现在几乎是孤军奋战,寻求复活他的运气,他痛斥马可尼阻碍使用特斯拉电动机为军舰提供动力。特斯拉看不起马可尼的第一个跨大西洋信号,认为这是一项"不足道的工程成就",特斯拉在写给《纽约世界报》编辑的一封信中,再次宣传他的"世界系统"。

《布鲁克林鹰报》(*Brooklyn Eagle*)的年轻科学编辑奥尼尔注意到特斯拉的激愤之辞,他是特斯拉的坚定支持者。大约两年后,奥尼尔将庆祝特斯拉和他的"划时代"发明,同时引用特斯拉的话宣称有些波速可以超过光速,以

特斯拉在75岁高龄时仍然表现出远见卓识,在1932年《加尔维斯顿每日新闻》(Galveston Daily News)的一篇文章中,他对人类的未来作出了许多预测。其中有:"技术进步正驱使我们走向粗俗的唯物主义。不久蜜蜂生活的社会体系将会变得普遍起来。"

及他可以"利用宇宙射线为运动装置提供动力"。奥尼尔还将撰写特斯拉的第一部传记。

这种对特斯拉最具挑战性的理念的关注,肯定会提升这位发明家的公众形象,尽管并不总是以积极的方式。现在,其他一些不那么抱有同情心的记者也被这位发明家吸引了,因为他们想要推送疯狂科学家的形象。特斯拉在大萧条时期的声明,可以说部分是怪诞秀,部分是预言。

特斯拉重获名声,引人注目,1931年,他75岁时,成为《时代》(*Time*)杂志封面人物。《时代》杂志表彰特斯拉在大萧条时期民众普遍失去希望的黑暗中,为鼓舞人类作出的无数贡献。来自世界各地的生日问候和祝贺如潮水般涌来——甚至有爱因斯坦的祝福,他选择不与特斯拉就光速的有限性进行辩论。

当特斯拉76岁时,他说他相信其他行星上有生命,他对宇宙持有更为开放的观点。特斯拉在那一时期的著述中的阐释,显然更多是精神层面的,尽管他从未接受过某种特定的宗教。特斯拉声称人类很快将有能力"改变这个星球的大小,控制它的季节,引导它沿着[它]可能选择的任何轨道"。

在特斯拉用哥伦布蛋、遥控船和放大发射机吸引观众30多年后,他荣登《时代》杂志的封面。

到1935年,当特斯拉给当时已经破产的英萨尔写信,提出他对远程动力学资金的需求时,世界正进入法西斯极权主义和社会民主之间的战争。据《纽约时报》报道,特斯拉被提及当时正致力于研究"他最伟大的成就",尽管描述含糊不清,但发明家在吹嘘"一种可以将机械能传输到地球陆地上的任何地方的装置"。这个设备不仅可以作为地理定位系统,它还可以找到矿床并产生"可控的地震"。

正如我前面提到的,特斯拉认为他的装置可以与地球的共振频率协调,从而通过这个装置发送高速波。发明家甚至夸下海口:有了这种技术,他可以用"5磅的气压"摧垮帝国大厦。

尽管财政状况不好,对特斯拉以及他所梦想的装置来说,这是一个富有成效的10年,包括对一种地热能系统和他的"结束战争的机器"的介绍。通过另一种"辐射能"装置(该装置激发了至今仍在探索的"自由能"运动),特斯拉希望充分利用太阳的丰富能量和来自其他恒星的电磁辐射。

当然,在20世纪30年代末,每个人都因希特勒的邪恶力量及独裁者墨索里尼和佛朗哥(Franco)而紧张不安。独裁者打算用有史以来最巨型的战争机器做什么?特斯拉反驳说,他确信自己的武器化的"世界系统"能够阻止任何攻击,这种系统可以击退200英里外的"10 000架飞机或100万军队"。1936年,特斯拉向英国政府提出建这样一个系统。结果,国王陛下的战争办公室对数千万英镑的花费感到恼火,没有答应。

特斯拉认为他的系统可以用来保卫自由社会,他公开将之作为其电子武器的基地,报纸称他的电子武器为"死亡射线"。对于许多关注特斯拉职业的人(特别是在联邦政府中的人)来说,它将成为他们对这位发明家记忆的最后内容。

特斯拉式的行为 ❽　重新定位自己

　　就像特斯拉在20世纪20年代初将自己重新定位成全能发明家一样，当面临经济衰退等挫折时，人们常常需要重新打造自己。作家、音乐家和改革者常会经历这样的洗礼。19世纪后期，哈代（Thomas Hardy）写下他伟大的英文小说，转向关注20世纪初的诗歌。20世纪20年代，叶芝（William Butler Yeats）从诗歌转向了国家政治。社会活动家简·亚当斯从为穷人服务转向为和平游说，1931年她成为第一位获得诺贝尔和平奖的美国女性。不过，当你尝试一条新的道路时，挫折往往不可避免。并不是每个人都能设计出新手机。允许自己有一些失败的空间，下一件大事也许不会成功，但总有明天。

　　当特斯拉开始感觉到自己的关联能力在减弱时，他做了什么？特斯拉在60岁生日时举行记者会，邀请纽约媒体的所有人，借生日聚会宣告他的新创意。特斯拉不断涌现新创意，尽管他没有了实验室，也没有钱，但他仍然有丰富的智力资本。随着世界和平越来越受到威胁，特斯拉试图把技术与人类共同的、和平的目的结合起来。他把自己从天才发明家转变成了思想领袖。那个曾经"看到"旋转磁场的人转而谈论起宇宙飞船。在我们的时代，杰夫·贝索斯（Jeff Bezos）、埃隆·马斯克和理查德·布兰森（Richard Branson）这样有远见的人用他们的数十亿美元和品牌火箭系统飞向太空的时代，特斯拉会不会跟不上节奏？

　　在被纽约金融界抛弃后，特斯拉把自己变成了知识前沿的"幕后智囊"。他本人以及无数其他的例子表明，完全有可能重塑自己，开创新的生活和事业。以我为例，我的家庭经历了最具挑战性的几年（2008—2010年）之后，我将自己重新定位为投资者保护的拥护者，创建了博客（"Bamboozlement"），最终每月的浏览量达到50万次。为了补充我的收入，我安排了一个排满演讲、写书和自由撰稿的日程，我意识到为我的宣传工作创建一个平台是非常重要的。那时我的博客写作收入与我在金融危机前的收入相比微不足道——一个月的博客收入仅相当于我过去每周一次花一小时写全球金融专栏的收入——我必须保持开放的心态,接受新的媒体环境并适应它。起初很痛苦,但我很快意识到,我只是需要以不同的方式呈现自己:我是一个有创意的企业家。我能给这个世界带来什么独特或有用的东西呢?有哪些几乎没有人想谈论或阅读的日常问题是我能说上几句的?

特斯拉从未失去他对"世界系统"的愿景,他一直在问那些务实的问题。看看你的社区和整个世界需要什么?有没有什么你想要追求的东西是有助于你的社区的?你能开发一个新的应用程序,使人们的生活更轻松或减轻他们的痛苦吗?

你如果遭受了失业之苦,振作起来,重新关注一些小项目,这些小项目可能会在你尝试寻找新方法的同时带来一些收入。作为练习,写下让你觉得最有活力的东西。怎样才能给你的精神充电?其中一些可能会转换成一个新职业,或是以不同的观察方式看待你的人力资本——你拥有的技能,并以一种独特的方式为世界作出贡献。问问你自己:

◆ 我该怎么做才能把我喜欢的事做得特别好?我能找到从中赚钱的方法吗?

◆ 我能填补什么样的空缺?需要制造或提供什么我可以运用自己技能的东西?

◆ 我的路在何方?我需要有新的方向吗?

◆ 我怎样才能更好地与世界联系?我需要了解什么?

至少,不要再考虑找工作了。就像特斯拉和爱因斯坦一样,你可以为自己创造一个新的机会。通过无所不在的互联网服务和社交媒体,你可以用无线方式向全世界播送你的服务。

第九章
侦探故事：
寻找难以捉摸的死亡射线

尼古拉·特斯拉与人类分享了既往交流中最重要的信息。同时，他也是一个超级沟通者；他做事的方式是一个完整过程，思想从一个可视化的想法生成直到作出发现，信息通过改进既有的和创造未知的而产生。特斯拉的信息还没有被明天的趋势接收到。

——武卡希诺维奇（Nevena Vukasinovic），
塞尔维亚，欧洲非政府运动组织青年总干事

章首图
1927 年 8 月的《惊奇故事》（Amazing Stories）封面，描绘了威尔斯 1897 年的科幻名著《世界大战》（War of the Worlds）中的场面：火星入侵者用致命的热射线将所到之处的一切化为灰烬。

仿佛生命本身残酷地从特斯拉曾经俊美的脸庞夺走了活力,他疲惫的眼睛深陷在宽阔前额的裂隙里。不过,当特斯拉的年轻亲戚威廉·特博(William Terbo)来看望他时,他久久沉浸在见到亲人的喜悦之中,拥抱这个男孩并以塞尔维亚方式亲吻他三次。这位如同枯柳般瘦削的老人用他的手弄乱了威廉的头发。

这表示什么?这位唯恐接触到细菌、出了名的拒绝握手和肢体接触的人与他人进行了亲密的身体接触。

"特斯拉待我跟我想象的不同,"特博告诉我说,"我想,他在我身上看到了他我这个年龄时的影子。我们都有哥哥在年轻时就不幸去世了。我失去了哥哥杰基(Jackie),这对我们来说是一场灾难,他肯定知道我的感受。"

威廉·特博已满10岁,他在新泽西州海岸待了一周,然后和他的母亲艾丽斯(Alice)一起访问纽约,见到了特斯拉。当时正是经济大萧条的末期,特斯拉正处于他生命中的最后10年,几年前他接受过几家出版物的访谈,并于1931年出现在《时代》杂志的封面上,这使他逐渐消逝的名声又略有回升。特

1940年,老迈的特斯拉在他的酒店住所。

斯拉如今住在纽约客酒店的普通房间,与他的梦想、发明、文件和陪伴他的鸽子在一起。

特博的父亲叫尼古拉斯·特尔博耶维奇(Nicholas Trbojevich),他全靠自己成长为一名成功的工程师和发明家(他最重要的发明是至今仍在使用的汽车准双曲面螺旋锥齿轮设计),他一直在汇钱给他的舅父特斯拉,包括至少2500美元,以及可能以"礼物、贷款或投资"形式支付的其他款项,但特博认为父亲在1937年停止了他的财务援助。

在参观无线电城音乐厅灯火辉煌的娱乐宫之前,母子俩与发明家进行了短暂的会面。特博回忆说,他母亲有一些家族生意要和特斯拉谈,尽管他不确定是什么生意。会面不到一个小时,然后他们就走了。特博不确定他说的有无遗漏。

与父亲和舅公一样,特博作为一名工程师有着丰富的职业经历,他最初在美国太空计划中设计火箭装备,然后改行进入电信行业。特斯拉一直梦想利用宇宙的巨大能量,而特博帮助宇航员进入太空,设计能够分离火箭各级的爆炸螺栓。"我注定要成为一名工程师,"特博说,"我父亲对我说,当工程师不会错的,你的收入会是电工的三倍。"

仍与特博产生共鸣的——就像特斯拉的一个大型放大发射机仍然振荡着特斯拉的生命能量一样——是这位发明家的同情心和同理心。他们是失去了亲爱的哥哥漂泊在世界上的两个灵魂。"当特斯拉在杰基去世后第一次看到我母亲和我在一起时,我相信他脑海中闪现了他母亲和他自己的形象,"特博回忆说,"他拍了拍我的头,弄乱了我梳理过的头发。"

特博是见过特斯拉的最后一位健在者,如今他是特斯拉遗产的监护人和官方管理人。就像我一样,你会经常在纪念特斯拉及探讨其理念的重要会议上遇到他。我第一次见到特博,是在纽约客酒店举行的一次特斯拉会议上,当时他作了简短发言,极为严肃而有尊严。作为特斯拉纪念协会(Tesla Memorial Society Inc.)的主席,特博花了40多年的时间来保存和提高公众对他舅公的了解,特博出席了许多纪念这位伟大发明家成就的雕像和纪念碑的落成仪式。

特博所拥有的特斯拉的文件和文本档案足以与大多数图书馆的收藏相媲美,他驳斥了特斯拉精神上不稳定、对女性不感兴趣甚至冷漠的说法。除了特斯拉的家族热忱,特博还赞赏特斯拉的创新能力,鼓励更多的人研究特斯拉的工作和受到特斯拉的启发。

"特斯拉可以想象他所需要的一切,"特博补充说,"他可以非常清晰地把事情记在脑子里。"

大限将至

特斯拉即使衰迈,在他去世前的几年,仍然得到许多国家的认可。就在希特勒1939年践踏波兰的两年前,特斯拉在纽约他81岁生日庆典上获得了荣誉。在现场,捷克斯洛伐克的部长授予他白狮勋章;南斯拉夫的大使代表国王彼得二世(Peter Ⅱ)授予他白鹰勋章,以及每月600美元的养老金。

1937年下半年,特斯拉照例在晚上离开纽约客酒店去喂鸽子,途中被出租车撞倒。有人说他被撞到了40英尺远的地方,尽管如此,但特斯拉拒绝去医院,而是一瘸一拐地回到酒店。他很可能折断了肋骨。在那次事故后,特斯拉的健康状况一直不好,从那以后,他大部分活动都限于酒店的房间。

1942年7月8日,年轻的彼得二世国王前来探望特斯拉,只见发明家的头与身体相比很不相称,脸部被鹦鹉喙般的大鼻子占据。特斯拉身体瘦得像他的手杖,然而在巴尔干半岛他仍然被视为一个强壮的英雄。在1941年希特勒入侵他的祖国之前,面对法西斯的铁蹄,似乎不存在任何希望,塞尔维亚人民低声呼唤着特斯拉的名字。毕竟,特斯拉说他将帮助保护**所有**愿意采用他的"世界系统"的和平国家。正是特斯拉,这位旅居海外的民族英雄,给了这个世界无所不在的力量。正是特斯拉,知道这个看不见的、如天神一般的力量的秘密。这种力量能击退一波波的入侵者——甚至是可怕的德国空军,他们在几天内就用猛烈的闪电战征服了波兰。

1941年3月1日,在给他的外甥科萨诺维奇的一封电报中,特斯拉写道,

194　用创新引领世界

在外甥科萨诺维奇(发明家的左边)的帮助下,特斯拉在去世前一年见到了年轻的彼得二世国王。

一种基于中子的武器可以"摧毁海上最大的船只。射程的距离无限。对飞机也如此"。为部署中子武器,特斯拉建议在巴尔干半岛至少建立6个站点:塞尔维亚一个,克罗地亚三个,斯洛文尼亚两个。尽管特斯拉没有就这种系统如何运行提供任何细节,但特斯拉建议说,这个系统可以由200千瓦的电力驱动,"它可以保卫我们心爱的家园免受任何形式的攻击"。武器系统计划雄心勃勃,令人难以置信,考虑到现有的粒子加速器不能产生足够的能量来制造这种武器,三天后,特斯拉在给科萨诺维奇的另一封电报中进一步提出,"电能将以每秒118 837 370 000厘米的速度在太空中传输粒子,这是光速的394 579倍。"(此时,特斯拉说,这种武器可以用2000万伏特高压供电。)

与希特勒不存在谈判。你要么投降,要么看着德军或其他轴心国法西斯分子以及那些最仇恨你的人(就塞尔维亚来说,是克罗地亚法西斯分子和保加利亚人)一起在你所住城市的街道上踏正步。特斯拉知道他的同胞们正处于危险之中,他再一次承诺他的技术可以帮助他们,虽然当彼得二世国王在纽约拜访他时，对欧洲来说已为时太晚。南斯拉夫国王最初来纽约是想恳求罗斯福总统夫人埃莉诺·罗斯福（Eleanor Roosevelt）和其他人拯救他的国家，但盟军在南斯拉夫共产党领袖铁托（Josip Broz Tito）崛起后已改变策略。彼得二世国王到纽约客酒店短暂地拜访了特斯拉。国王对这位发明家的衰迈状态感到震惊。据说他们一起落泪，因为没法拯救他们的国家。

在特斯拉生命的最后一年，他的精神状态好吗？很清楚，这位发明家几乎一贫如洗，因身体机能衰退，正遭受着多种疾病的折磨。特斯拉孑然一身，也无援手。然而，追求自由的巴尔干半岛希望特斯拉成为一个复仇天使，一个独行侠，使用他的技术将世界从法西斯主义的罪恶中拯救出来。当特斯拉在写关于世界和平的文章和喂养鸽子的时候，他的心脏开始衰竭，不时会昏厥。

随着第二次世界大战的战火愈演愈烈，1942年12月2日，就在特斯拉去世前一个月，当费米（Enrico Fermi）和他的物理学家团队在芝加哥大学橄榄球

世界上第一个核反应堆的素描图，反应堆位于芝加哥大学斯塔格菲尔德橄榄球场的西面看台下，由铀和氧化铀块组成，这些铀块以嵌入石墨中的立方晶格间隔开。

场看台下的"一堆"氧化铀和其他重金属中制造出第一个持续的核反应时,一种具有巨大破坏力的武器被启用了。反应堆距特斯拉50年前辉煌地展示其交流电系统的地方只有几步之遥,作为一个弃用的不祥的历史遗迹,有一个抽象的蘑菇云雕塑标志了这个地点,它邻近超现代感的蚕茧状曼苏埃托图书馆。

特斯拉的武器将不得不等待,而发明家心意渐冷,已近生命大限。

• • •

1943年1月8日,酒店一位女服务员在鸽子粪中发现了特斯拉。她立即告知管理部门,随后上面召来了一名锁匠,并通知外国资产管理局的政府代理人科萨诺维奇、特斯拉的朋友斯威齐(Kenneth Swezey)和美国无线电公司(RCA)博物馆馆长克拉克(George Clark)到场,在他们作证下,开启了特斯拉的保险柜。

国际乳胶公司总裁斯帕内尔(Abraham Spanel)对特斯拉的"死亡射线"声明颇为关注,他向FBI表达了他的担忧,如果发明者的计划通过科萨诺维奇带到南斯拉夫的法西斯那里,特斯拉的武器将可能落入坏人手中。《纽约时报》刊登一篇追思文章,其主副标题是:"声称'死亡光束'/他坚信这项发明可以一次消灭100万人的军队"。

就在特斯拉去世后不久,据说麻省理工学院高压研究实验室主任特朗普在特斯拉的文件中仔细搜寻了关于可用武器的所有线索。他的结论很简单:"对战争助力没有任何价值,如果它落入敌人手中,对敌人不会有任何帮助。"

尽管有这样的专家意见,FBI局长埃德加·胡佛也不会放过那些体现特斯拉武器概念的东西,用特朗普的话说,"属于猜测、哲理和某种促进性"那类。直到20世纪50年代,胡佛一直在调查共产主义者与特斯拉的工作和合作是否有什么联系。

至于特斯拉作为无线电发明者的遗产,最高法院的一项判决证明了特斯拉的合法性,该判决使马可尼16项技术专利中的15项无效。这项判决是在特斯拉去世一年后作出的。

COPY   LOUIS ADAMIC . MILFORD . NEW JERSEY

January 4, 1943

Dear Mr. Hoover:

Nikola Tesla, as you know, is a Serbian immigrant who came to America from Croatia some 60 years ago and became one of the world's greatest inventors. He became also an American. In the early 1920s Lenin urged him to move to the Soviet Union, promising him every scientific facility, and personal security for life, but Tesla declined -- he was an American and had got used to living in the United States, whose civilization he had helped to create.

His contribution to the sum-total of American civilization is almost beyond calculation. Hundreds of billions of dollars of American wealth are ascribable to his inventions. They are at the very center of our current war effort. No man living has added more substantially to the potentialities of human life than Tesla.

Yet today, when he is past 90, he is worse than penniless. He is extremely frail, weighing less than 90 pounds. His health is poor, and he has grown somewhat bitter against the U.S.A. No doubt his current poverty is his own fault. However, I think that ordinary standards do not apply to Tesla. He was always the pure scientist, never interested in money, always impractical about material existence.

But the fact is that now he is up against it. He receives a small "pension" from the Yugoslav government-in-exile. I know that Tesla suffers greatly at having to accept this pension from the government of his native country, to which he had never contributed anything directly. He suffers especially because the money comes to him through the Yugoslav Ambassador in Washington, whom he dislikes personally. Tesla suffers, too, in fact to the point of bitterness, because he feels -- with some justice -- that everyone in America, including the beneficiaries of fortunes created by his inventions, has forgotten him. No one writes to him; no one comes to see him.

He lives in a meager room in the New Yorker Hotel, in New York. He owes about a year's rent -- the Yugoslav pension is not enough to keep him in scientific apparatus, etc., for he continues to work on his projects.

This letter is not an appeal for your personal financial help. Some way will be found of looking out for him -- he will probably not outlive 1943. But he needs someone to take care of him personally without seeming to; someone who could also follow his current notes and experiments and preserve what may be of value in them. Perhaps one of the large electrical corporations which have benefitted so greatly through his inventions would be glad to pension him for the short balance of his life. And I am wondering if you know someone who might be approached.

A pension coming from such a source would relieve Tesla of the necessity of accepting more money from the Yugoslav government. It would do much to remove his bitter feeling of neglect. And it would be a fitting, though small, recognition of the debt America owes this man who has done so much for his country.

If you would like more details, I can come to see you in New York at any time.
                          Sincerely,   (x) Louis Adamic

就在特斯拉去世前几天,斯洛文尼亚裔美国作家阿达米奇(Louis Adamic)给美国前总统赫伯特·胡佛(Herbert Hoover)写了一封发自内心的信(见图示),为衰迈的特斯拉获得养老金恳求帮助。阿达米奇强调特斯拉的极端贫困和孤独,他提醒胡佛说,"美国数千亿美元的财富应归于他(特斯拉)的发明","没有一个活着的人比特斯拉更能大大增加人类生活的潜力。"

世界大战

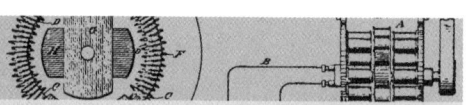

就在特斯拉访问芝加哥和密尔沃基的那几年,年轻的奥森·威尔斯正在学校学习,他有着不同于其他戏剧界人士的想象力,受《世界大战》作者 H·G·威尔斯的启发,他幻想着火星人从我们的星球获取信号——并入侵地球。

1938 年 10 月 30 日,威尔斯在电台广播中模仿现场报道,绘声绘色地播报火星人正在入侵地球,把收听广播的听众吓了个半死。威尔斯也凭想象听到了特斯拉的死亡射线发出的声音,纯粹的戏剧天才用这一手,发出了人们从收音机里听过的最恐怖的声音:一种电脉冲毁灭整个城镇的响声。

威尔斯的父亲是一位发明家,名下拥有十多项专利(发明了汽车千斤顶和自行车灯),还是一位经常光顾芝加哥妓院寻欢作乐的推销员,威尔斯 7 岁以后再也没有见过他父亲。在纽约的水星剧团[由他与豪斯曼(John Houseman)共同创立]取得惊人的广播成功和创新作品后,威尔斯获得了一份由 RKO 影业全权委托的合同,几乎完全控制了好莱坞电影的创作。(在严格控制的电影工作室体系下,这是罕见的特权。)威尔斯的第一部作品是《公民凯恩》(Citizen Kane),很多人认为是**有史以来最好的电影**。他制作了一部从任何意义上讲都具有创新性的电影,因故事描写很像是报业巨头赫斯特(William Randolph Hearst)的兴衰,让人想起 20 世纪初来到这个世界上的媒体能量,尽管威尔斯后来声称人物凯恩是取材于当时的几个行业巨头。

影片讲述了虚构人物凯恩(Charles Foster Kane)70 多年的生活,他从卑微的身份成长为媒体帝国的掌门人。当威尔斯准备扮演垂死的凯恩时,他借用了一个几年前刚刚从高位跌下者的形象,他对化妆师说"让我看起来像英萨尔"。

第九章 侦探故事　199

照片中是奥森·威尔斯于1938年10月30日在广播电台播出他那著名的"世界大战"节目。

与此同时，在现实世界中，爱因斯坦听说纳粹正在研制一种装置，超过特斯拉的最强大武器，由此给罗斯福总统写了一封著名的信，解释核链式反应如何"也会导向炸弹的制造"。爱因斯坦敦促罗斯福组建科学团队来探索这种可能性，呼吁"政府部门迅速行动"。

绝对有杀伤力的精灵就要从瓶子里释放出来了。谁拥有软木塞？

特斯拉对新电气时代的贡献

把特斯拉的研究放在时代背景下看,有必要考察一下他的交流电技术引发的一系列发展,这些发展最终形成了我们现代的、高度互联的消费文化。我们需要再次回到20世纪20年代,去看看广泛使用电力所带来的巨大社会进步——在其后的10年,这种进步显著放缓。爱因斯坦在时间、空间和引力上打开潘多拉的盒子后,世界正与纯能量联系在一起。城市里到处都是电动车系统,摩天大楼在坚固的钢架和电梯系统的推动下变得越来越高,汽车和货车开始堵塞原本为马匹和马车设计的街道和公路。

尽管州际公路系统直到20世纪50年代才完全出现,横贯大陆的公路起源于繁荣的20年代。1925年,美国30号公路(林肯公路)的最初计划被写成文件。最终,这条由大西洋岸至太平洋岸的路线,将连接俄勒冈州的阿斯托里亚和新泽西州的大西洋城。

由于电气化有利于大规模生产,福特和其他汽车制造商正在制造更多、更便宜的车辆。电气化的城际火车使美国人可以住在郊区,工作在中央商业区。到那个10年末(1930年底),所有主要的东部和中西部城市(加上洛杉矶的有轨电车网络)都将拥有这些连接良好的铁路网络。

但对于大多数美国人来说,由于他们自己的家都接上了电线,电力成为日常生活现实,在多个房间安装了今已熟悉的插座,煤气灯通常被改装成爱迪生的电灯泡。20世纪20年代,由英萨尔领导的众多电力运营公司,加上通用电气和其他的地区公用事业公司推动电气化建设,加快了城市地区大多数家庭的布线。由此电气扩张的速率呈指数增长:据戴维·奈(David Nye)在《电气化美国》(Electrifying America)中的数字,1921年100万个家庭通电;到1924年,这个数字跃升至200万。

尽管你认为今天能插上电是理所当然的,但在20世纪20年代,销售电力却需要大规模推销的方式。起初,英萨尔的公司直接靠自己的商店出售电器,因为当时并没有专门的电器商店。公用事业公司建造了电气化的样板房,即使在农村地区也这样,以展示最新的电烤面包机、手动搅拌机、加热器和挤牛

20世纪20年代通用电气的一则广告,将公司新推出的"超实用和高效的冰箱"作为招待客人必不可少的"救急"法宝。

奶设备的性能特点。

在"电流之战"决定性地偏向特斯拉和西屋电气很久之后,通用电气和所有的地方公用事业公司都改为向个人推广交流电。家庭主妇购买单只150瓦的天花板灯泡,价格6美元,可分12期付款。英萨尔用于展示的卡车装着电熨斗沿着居民区街道行驶,把它们分发出去。急切的房主登记用电服务,同时扔掉令人讨厌的老式熨斗。

通过"建立电气观念",通用电气和其他电力集团推动了麦迪逊大道的发展,麦迪逊大道热衷于为女性提供节省劳动的新型电器(虽然这些革命性的设备几乎没有鼓励男人帮助清洁、烹饪和做其他家务)。当你的邻居确信能获得现代生活的所有实惠时,谁还会想要没有电器的生活呢?**炫耀性消费**是芝加哥大学社会学家凡勃伦(Thorstein Veblen)创造的一个短语,成为新时代和别人攀比炫富的一种说法。

特斯拉的文件踪迹

虽然我依据政府的《信息自由法案》对特斯拉的文件追踪没有产生任何结果,但我还是收到了关于特斯拉的演讲邀请——先是在芝加哥郊区一个大型图书馆的纪念演讲,随后是在芝加哥的塞尔维亚文化中心发表演讲。很高兴的是,全世界都想更多地了解特斯拉,但我不确定除了他非凡的崛起与人生落寞的传奇之外,我还能与听众分享些什么。

然而就像凤凰涅槃一样,我时来运转。我高兴地看到,三位硅谷工程师即将以惊人的方式复活特斯拉的名字和品牌价值,他们要制造一款以这位发明家的名字命名的优质电动汽车。当汽车公司在2010年向公众发行股票时,由贝宝(PayPal)联合创始人埃隆·马斯克带领,对发明家特斯拉的新一波兴趣席卷全球。

翌年,因为"以太的量子智能"中的某些内容,让我和需要与之交谈的人联系起来:他是时任塞尔维亚贝尔格莱德特斯拉博物馆馆长的耶伦科维奇(Vladimir Jelenkovic)。我接到一位公关人员的电话,说耶伦科维奇将到芝加哥讨论2011年夏天的小型特斯拉巡回展,除芝加哥外,该展览只在另一个地方举办:澳大利亚的珀斯。

芝加哥有大量的塞尔维亚移民,故被选为北美唯一的巡展地,塞尔维亚移民中的许多人已迁移到南部或更远的地方,在钢铁厂和肉类加工厂工作(珀斯也是大量塞尔维亚人聚集的地方)。我刚进入职场时,在芝加哥南部作为初出茅庐的记者为《每日卡柳梅特》(*Daily Calumet*)工作,我看到了一片塞尔维亚—克罗地亚的美国。我惊叹于塞尔维亚东正教教堂和当地的金壳餐馆,餐馆以肚皮舞者、巴尔干美食和精选的烤酒(斯利维茨,一种美味梅子白兰地)为特色。

耶伦科维奇与我志趣相投,他曾是一名训练有素的记者,报道过科学进展并一直在电视上出镜。他创办了科学杂志《科技》(*SciTech*),并代表软件公司甲骨文(Oracle)到过尼日利亚和塞尔维亚。最重要的是,耶伦科维奇是一位世界级的特斯拉宣传者。随着他的小型巡回展览,耶伦科维奇试图在特斯拉被冷落近一个世纪后将他带回到主流社会。巡回展览在芝加哥海军码头一个鲜为人知、很少使用的区域展示了特斯拉的哥伦布蛋和这位发明家的基本成就。

当我和耶伦科维奇共进午餐时,他向我敞开了心扉,让我得以了解特斯拉与摩根和其他公司的商业关系,他不仅收集了特斯拉和摩根之间的信件(我后来从摩根图书馆获得了这些信件),而且也拥有超过100页的特斯拉和英萨尔之间的信件。因为我花了几百个小时在4个不同的档案馆寻找英萨尔的信件,包括爱迪生、罗斯福和洛约拉大学的收藏,所以这当然是一个令人兴奋的进展。在我对英萨尔的研究过程中,我相信我已经发现了关于此人的一切。这个新的信件系列是一个真正的突破。

耶伦科维奇使我了解了特斯拉的成就和陨落简史,他不仅是一位历史学家,还是一位主张恢复特斯拉声誉的全球倡导者,他认为特斯拉是一位有远见的人道主义发明家。像大多数特斯拉迷一样,耶伦科维奇不认可爱迪生的成就。"欧洲现在**禁止**使用爱迪生的100瓦灯泡,"耶伦科维奇语带不屑,"它大约70%耗散的是热量。另一方面,所有大型电力系统都使用交流电。"

在一顿愉快的午餐后，我急切地想问耶伦科维奇一个问题，这个问题在我读了特斯拉1935年写给英萨尔的信后激起了我对特斯拉的兴趣：他有没有关于"死亡射线"详细计划的文件，或者从沃登克里弗计划中得到其他文件？

"我们拥有特斯拉所有的遗产，但没有一封关于死亡射线的信。你有吗？"

虽然2012年我在纽约客酒店与耶伦科维奇、特博和许多研究特斯拉的杰出人士的会面使我重拾了对在全球恢复特斯拉的重要性的信心，但我仍在努力寻找遗失的特斯拉文件。

国家档案和记录管理局的档案管理员莫里斯（Gene Morris）友好地给我写了一封两页纸的信，解释说国家档案馆"在我们的监管范围内"没有任何特斯拉的记录。第二次世界大战的临时机构——外国资产管理局持有的任何东西，"在第二次世界大战结束几年后，移交给了特斯拉的继承人科萨诺维奇先生。"科萨诺维奇随后把特斯拉的文件送到了贝尔格莱德的特斯拉博物馆，尽管从来都不清楚科萨诺维奇到底拥有什么，以及政府为自己保留了什么或者只是复制了什么。

在FBI粗略的备忘录中留有科萨诺维奇的记录，然后是1943年塞尔维亚领事馆的记录，领事馆与特斯拉的朋友斯威齐合作，从酒店房间的保险柜中取出一本特斯拉的证明书和这位发明家的三张照片。然而，外国资产管理局用卡车把"两卡车的特斯拉的所有财产"运到了曼哈顿的一个仓库，在那里材料被放在"属于特斯拉的30个桶和包旁边，这是自1934年以来一直在那儿的"。

在特斯拉1943年去世前的时间，政府对他的文件做了什么？再一次，FBI没有说，尽管我看到编校1943年备忘录的作者指出："这个财产的管辖权值得怀疑。"

不用说，如果你是特斯拉阴谋论者，这种有限的信息会让你发疯。在1951年1月20日的另一份备忘录中，胡佛的助手和密友托尔森（Clyde Tolson）提到了斯帕内尔的兴趣，"他在特斯拉去世前一天联系了陆军部，想使用某些专利。"然后备忘录结束，令人恼火地没有任何进一步的解释。

斯帕内尔是否对特斯拉的粒子束("死亡射线")图纸——如果它们存在的话——感兴趣？或者他是否在寻找远程动力学如何运作的原理图？虽然许多人都试图在特斯拉、FBI、国防部以及苏联对粒子武器的研究之间找到联系,但随着时间的推移,特斯拉的材料是否被使用或如何使用并没有官方结论。

20世纪70年代末,当苏联声称正在研究粒子束武器时,五角大楼感到震惊。接着里根(Ronald Reagan)总统提出"星球大战"武器计划,用以击落即将飞来的洲际弹道导弹,该计划从未生产出有效的武器——据我们所知——并且被低调地取消了。

在1936年的一场拳击比赛上,托尔森与他的老板埃德加·胡佛一同亮相,他声称国际乳胶公司创始人斯帕内尔在特斯拉去世前一天联系了陆军部,要求他们解除对某些专利的监管。

不过,我依然被特斯拉的远程动力学建议激起兴趣,这看起来很有道理。地球可以导电,因为它有一个镍铁芯,随着构造板块的移动,它也会传递巨大的机械能,引起从加利福尼亚到地中海的地震。更显得合理的应用是,无须投入数万亿美元搞基础设施,电力就可以传送到世界任何地方。水资源丰富的太平洋西北部或田纳西河谷的多余电力可以通过地球输送到婆罗洲①、印度或非洲吗？位于亚马孙河沿岸或撒哈拉沙漠的偏远村庄能亮起电灯吗？撒哈拉沙漠以南的非洲地区可能会脱离黑暗,孟加拉国和蒙古也一样。

在本书出版之际,有关远程动力学并没有结论性的科学依据。正如卡尔森在《特斯拉——电气时代的发明家》一书中所提到的,他怀疑这种技术能否大规模应用。现代地质学家仍在努力进行地震预测;利用地球作为能源管道

---

① 东南亚加里曼丹岛的旧称。——译者

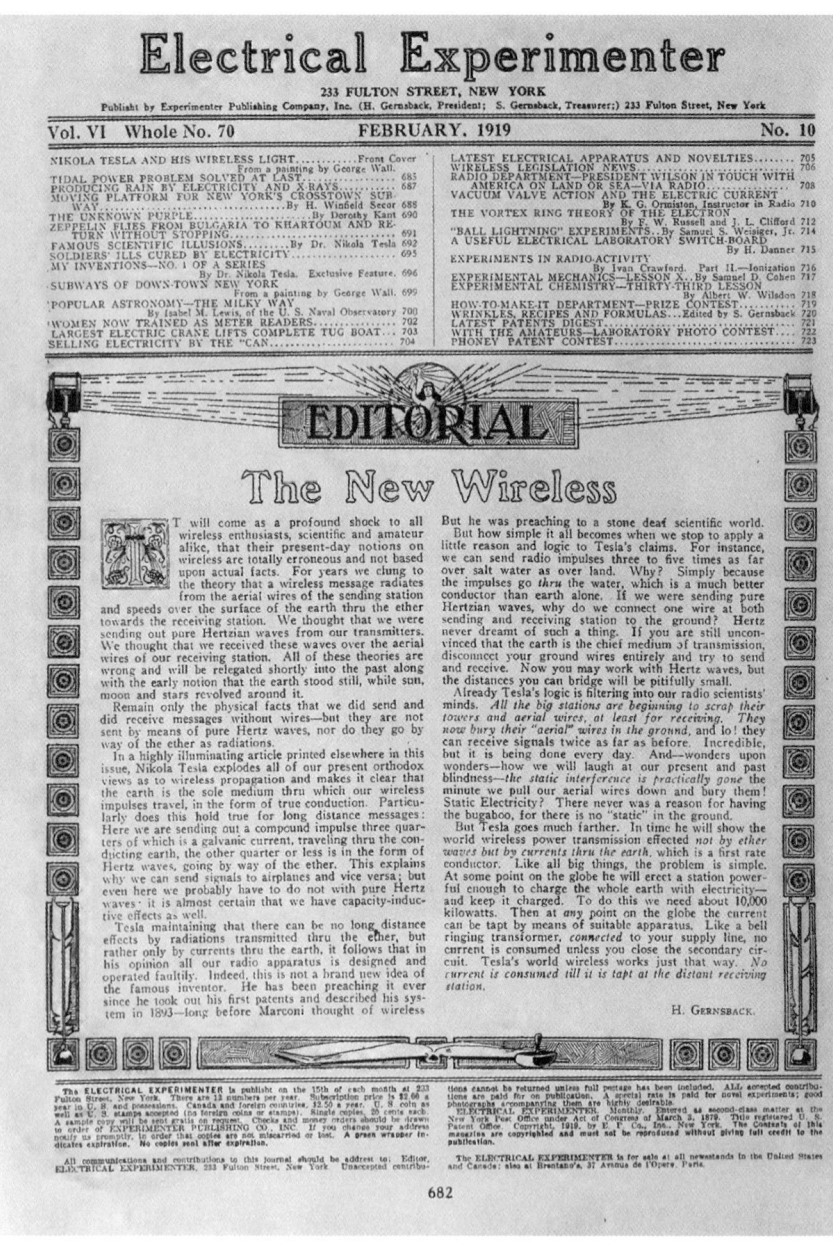

在这篇发表于 1919 年《电气实验者》的社论中,出版商根斯巴克为特斯拉的远程动力学理论提供了一个充满激情的案例,注意到目前的无线通信包括"复合脉冲,其中四分之三是电流,通过导电的地球,另四分之一或更少[其中]是以赫兹波的形式,通过以太[空气]传播"。他指出,无线电台正开始将接收器埋在地下,"接收信号的距离可以是以前的两倍"。

并不是他们优先考虑的事。但宏大的理论是特斯拉的资本,它们的可能性仍然会激发科学家和工程师的好奇心。

1940年11月18日,在西屋的工程总监史密斯(M. W. Smith)写给特斯拉的一封信中,这位高管提到特斯拉的"远距离产生地球运动的艺术"。不过这封信对发明家关于远程动力学的提议还是礼貌地予以拒绝。第二年,特斯拉给西屋写了一封漫无边际的信,信中提到要花费数十亿美元研究鸡的生长因子,以产出更好的肉和蛋。我没有找到回信,这想必是他最后一次与西屋的通信了。

遗憾的是,司法部的信息政策办公室迄今为止拒绝了我在FBI备忘录中披露这些黑名单的行政申诉。与此同时,除了国防高级研究计划局外,其他所有机构都没有回复我的基于《信息自由法案》的请求,特斯拉文件完整文集的剩余部分要么在贝尔格莱德,要么在美国政府的某些仓库里——或两者都有。众所周知,反共政治迫害者参议员麦卡锡(Joseph McCarthy)对特斯拉的文件以及它们去往(当时由共产党控制的)贝尔格莱德的旅程感兴趣。一个名叫贝格施特雷瑟(Ralph Bergstrasser)的军人认识特斯拉并且可能复制了特斯拉的文件,正是这个人在20世纪50年代初用一封30页的信提醒麦卡锡和FBI那些文件的存在。

所有这些事实都有关联吗?也许它们是以一种松散的方式相关联的。特斯拉的创意**激发**了武器的灵感,但他是否提供了详细的、可行的工程原理图来用他那个时代的技术实际**制造**这些武器?

如前所述,特斯拉相信他的装置可能会远远超过光速,根据爱因斯坦的相对论,这是不可能的。无论如何,要产生特斯拉提出的那种电力,需要这样一种能源:它远远超过当时可用的能源。在特斯拉雄心勃勃的提议几十年后,超强粒子加速器出现。为了产生极具争议的基本"上帝"粒子(如希格斯玻色子),它需要数万亿电子伏特,只有通过近年来的新技术,通过几个国家数十亿美元的支持,这种巨大的能量才有可能实现。也许在聚变反应堆中利用太阳的热核能力就可以,但经过全球数十年和数十亿美元的研究,这项技术证明尚

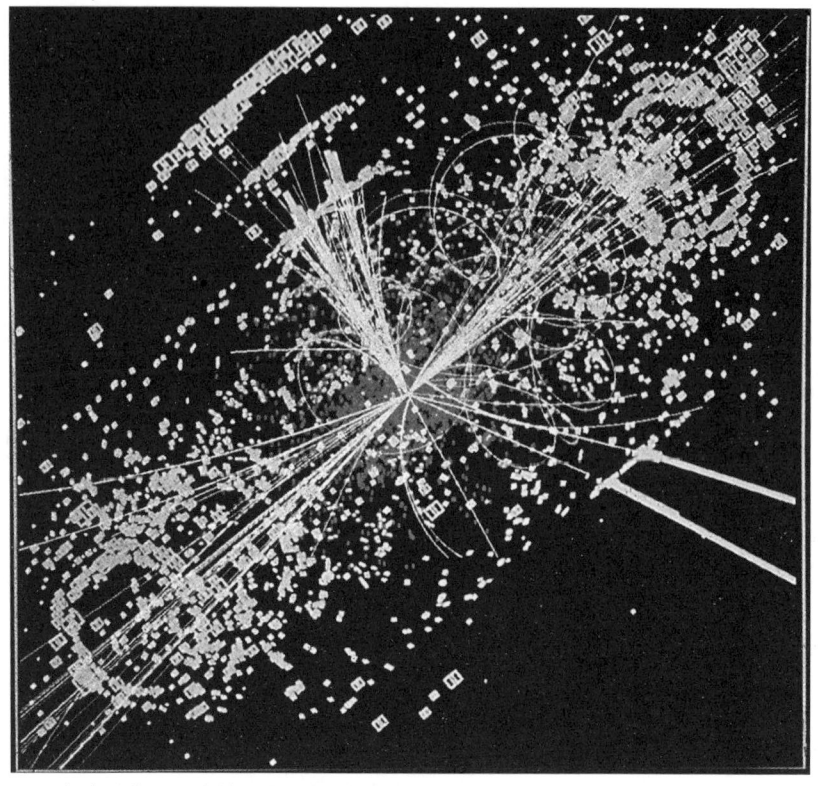

在欧洲核子研究中心(CERN)的大型强子对撞机(LHC)上由CMS粒子探测器模拟数据的一个例子。图中,两个质子碰撞之后,产生一个希格斯玻色子,它衰变为两个强子流和两个电子。图中的细线代表了探测器中质子-质子碰撞产生的粒子的可能路径,而微小的矩形碎片描述了能量沉积。

难以捉摸。不管怎样,太阳这个巨大的恒星能量类似于一个技术圣杯,可以提供大量的无碳能源。

多年来,在对特斯拉的研究中塞费尔的工作占了大部分,这基于他1987年关于特斯拉研究的扎实的博士论文。塞费尔发现有证据表明,特斯拉**确实**向美国政府公开提出了他的武器创意,因此,说政府"阴谋""窃取"特斯拉的创意可能是错的。"我不会说它们是'被偷'了,"当我完成了研究工作时塞费尔在一个电子邮件中告诉我,"特斯拉当时正在与陆军部合作,并把它提供给他们[政府]。我认为他们试图研制武器。他们把它列为最高机密,就像特斯拉的专利一样；它从未发表过,因为它属于那个机密类别。"

"主要的秘密武器文件是粒子束的文件,"塞费尔补充说,"可能有关于宇宙射线或者甚至超光速粒子的材料,但我表示怀疑。我知道有一个关键的无叶片涡轮机文件,似乎没有人能找到。最后,我想我们谈论的是特斯拉的粒子束秘密专利。"塞费尔指出,他的开创性的特斯拉传记《巫师——尼古拉·特斯拉的生活与时代》(*Wizard: The Life and Times of Nikola Tesla*),讲出了"真实的故事":"那份[粒子束]文件被藏到了赖特·帕特森空军基地。但同时,他们留下了一份有特斯拉特征的副本,而[原始]文件在贝尔格莱德的博物馆里。"塞费尔断言。

由特斯拉的秘密文件能否在30年前制成一种可行的武器？这似乎不太可能,尽管美国和苏联可能都在这个概念上花费了数十亿美元。20多年后,据说苏联和美国都在试图发展粒子束武器(可能仍然在进行)。

"俄国人显然可以接触到它,因为他们在特斯拉的秘密专利公布大约7年前发表了粒子束武器的原理图(20世纪70年代出现在《航空周刊》上)。"塞费尔对我说,"因为南斯拉夫[当时]在铁幕后面,俄国人可以在博物馆查阅特斯拉的文件,他们很可能是在20世纪50年代第一次看到它。"

这种可怕的武器**可能**吗？我不是工程师,但随着高能物理学的发展,也许还有核聚变反应堆的动力(仍在研发中),谁知道呢？

特斯拉式的行为 ❾　与他人产生心灵共振

如我前面所说，特斯拉坚持认为他的独身行为类似于是与他的工作结婚。说来可能没有争议的是，特斯拉在他生命的最后几十年里可能非常孤独，尤其是当他的金融支持者一个个撒手而去。在特斯拉开始在纽约夜间活动时，威斯汀豪斯、J·P·摩根和阿斯特已全都去世。

一所新的神经科学学院在研究中发现，当我们同情他人并为他人着想时，我们是最快乐的，交流也许是最富有成效的。芝加哥大学神经科学家卡乔波(John Cacioppo)发现，当我们处于移情模式时，大脑的磁共振成像(MRI)扫描显示更高层次的思维活动会增加。卡乔波和他的同事发现，孤独或孤立，与"执行功能下降"相关，这涉及复杂的思考和决策。那些自称孤独的人往往比那些积极参与社会活动的人寿命要短。

"社会环境非常重要，"卡乔波博士说，"当我们与外界有联系时，我们的焦虑和压力通常会比感觉孤独时少……所有这些都会对我们的健康产生深远的积极影响。"

研究表明，有伴侣或者结婚可以延长寿命。对我们来说，要在与广大世界隔绝的情况下充分获得生活的所有好处是很困难的。我们需要社交平台。目前还不清楚孤独是增强创造力还是阻碍创造力，但就特斯拉而言——即使他年过八旬健康状况良好——很明显，他已不像他活跃在社交圈时那样富有创造力和工作有成效。

当我在纽约客酒店参观特斯拉的居所时，我不明白这些房间为何那么小。特斯拉和他的鸽子在这个狭小空间里的画面让我很难受。如果特斯拉和年轻人一直有交往，或者和其他工程师有接触，那会怎么样呢？如果他和那个时代伟大的物理学家如海森伯(Werner Heisenberg)、玻尔(Niels Bohr)、泡利(Wolfgang Pauli)或费米有交流或合作，他人生的最后一年又会是什么样？

共同工作是将天才(你自己和其他人)带到更高层次的关键之一。当我问阿斯彭研究所(一个全球性教育、领导力与政策研究的无党派、非营利组织)总裁兼首席执行官艾萨克森,为了促进创新,学校应该教授什么新课程?他立即回答说:"合作。"艾萨克森是世界一流的记者和作家,他写过富兰克林、爱因斯坦、基辛格(Henry Kissinger)和乔布斯的传记,记录了近现代史上最聪明人物中的思想共享和团队合作所形成的改变世界的力量。

那么,考察了孤立和合作的影响后,我们能从中学到什么呢?为了最大化创造力,你可以这么做:

◆ **融入你的家庭和所在社区**。你需要做些什么?你在哪里可以用你的技能和时间来最好地帮助他人? 当我50岁的时候,我创办了一个非营利的致力于帮助纳税人的组织。加入民间的志愿者团体并激励他人。

◆ **选择参与而不是孤立**。年轻人有活力和想法;老年人有经验和智慧。这并不总是一个完美的结合,但这些品质是互补的,有可能修补我们支离破碎的社会结构。不要过冬蛰伏;要合作。

◆ **做一个终身学习者**。 特斯拉学习并使用了多种语言。他在巴黎、布达佩斯和巴尔干半岛就像在纽约市中心,就像在家一样。拥抱旅行,结识来自不同文化背景的人,并接受他人的想法。

用诗人多恩(John Donne)的话说,没有人是一座孤岛。改变世界需要一群有不同想法和技能的吵吵嚷嚷的合作者,他们可能并不总是与我们的观点一致。真正的颠覆性创新常常来自不同的想法,而不是孤独者的灵感。

第十章
永恒的特斯拉：
发明家的21世纪遗产

是爱迪生而不是特斯拉成为并依然是"天才发明家"的象征，就这个怪异的事实我有一个解释的理由：爱迪生是紧密契合20世纪时代精神的人物，而特斯拉则属于21世纪。

——卡拉贝格（Dino Karabeg），
奥斯陆大学教授

章首图
1898年，特斯拉在他位于纽约的休斯敦街实验室，用50万伏的电压通过他的身体表面为荧光无线灯供电。

在特斯拉诞辰159周年前夕,费城的独立广场充溢着活力。在那个宜人的7月之夜,来自世界各地的特斯拉迷在这里聚集,他们不仅要在午夜时分庆祝这位发明家的生日,还要探讨永恒的特斯拉精神。

沿着广场的纵向,是占一个街区的国家公园,这里坐落着标志性的独立厅,是签署《独立宣言》的地方,据称富兰克林曾在这里调侃:"确实,我们必须团结在一起,否则我们将分开被绞死。"再向东几个街区,富兰克林建造了他宽敞的房子,安装了世界上最早的避雷针。原来的房子在1812年被夷为平地;它的占地空间是建筑师文图里(Robert Venturi)用他设计的钢制"幽灵结构"勾画的,如今博物馆占据了过去的位置。独立广场外围的建筑是国家宪法中心和美国哲学学会的总部。

尼古拉·隆查尔(Nikola Lonchar)是有关特斯拉所有事务的领导者,他负责的生日庆祝活动安排在自由钟亭的东侧,主要有特斯拉线圈演示,多场演讲,不同的团体发表感言。这次活动由总部位于费城的特斯拉科学基金会

2015年7月10日,恰逢特斯拉诞辰159周年,费城标志性的独立厅成为"能源独立庆典"的背景。

(Tesla Science Foundation)赞助,隆查尔创建该基金会的宗旨是"作为发明家的俱乐部"。该组织创办了一个特斯拉巡回展览,并在不同的重要地点(包括富兰克林研究所)安放了特斯拉的半身塑像。该基金会还试图为研究实验室和特斯拉博物馆建立一个永久空间,同时与艺术家进行合作,以创作精美的装置艺术和音乐来纪念这位发明家。

以特斯拉的名字为名的隆查尔是一名私人侦探和锁匠,在贝尔格莱德长大。隆查尔对特斯拉生命的最后时日和遗失文件的命运都有自己的看法,他仍在调查他崇拜的偶像去世后所发生的事情。

"特斯拉是无线时代之父,"隆查尔对我说,"这是**他的**时代。"但据这些热情的特斯拉粉丝看来,特斯拉不仅仅是一位创新的科学家。对隆查尔(以及许多塞尔维亚人)来说,特斯拉实际上是一位值得以官方意志认可的圣者;其他的特斯拉迷已经开始请愿,请塞尔维亚东正教将这位发明家封为圣徒。"我们将特斯拉视为科学和知识的圣人,并希望以这种方式展现他,"隆查尔说,"特斯拉是一个希望所有人的生活都变得更好的人。"

就像一个爵士即兴演奏家一样,隆查尔在独立广场保持着能量流动。这次活动融合了特斯拉全方位的想法、创意和知识以及"能源独立庆典"。活动中没有人再迷恋化石燃料或其他现有的生产和分配能源的方法。在公园的另一边,靠近独立厅,唱片发烧友正在将轰鸣的电子音乐融入温柔的夏夜,人们从街上闲逛到这里跳舞,或是看特斯拉展览的几件展品。

当供给电灯和特斯拉线圈的电力神秘消失时,我有机会与参加活动的不同背景的特斯拉迷交流。库马尔(Sherry Kumar)是基金会的一名官员,她离开纽约来此做公关,欢迎远道而来的聚会者,传送印有"能源独立宣言"的卡片,该宣言由"地球的自由人民"组织于2009年起草,属于倡导可持续能源的宣言。

梅森(Sam Mason)一直在演示特斯拉线圈并点亮无线荧光灯泡,他是特斯拉科学基金会的董事,也是这次活动中无所不在的向导。这次我有机会和他谈论他在未来航天器反重力推进方面的工作,这可追溯至特斯拉的研究。

在读了特斯拉19世纪90年代关于高压放电的研究后,一位名叫T·汤森·布朗(T. Townsend Brown)的科学家发现静电场和引力场可能密切相关。如果这在技术上证明可行(美国国家航空航天局已在研究),那么它可以提供一种火箭推动的新方式,利用"不对称电容器"和电磁场或"电重力"来推动宇宙飞船。梅森正致力于开发一种能产生这种动力的发电机。我没有完全理解他的工程术语,就直接提出了大多数怀疑论者对这一尚为猜测性的但前景广阔的技术都会问的问题:它会起作用吗?特斯拉的飞行器能通过无线供电起飞吗?"创新从来都不是一条直线,"梅森回答,"我最好的主意是在去新泽西海岸的路上想到的。"

在独立厅的大钟午夜敲响之后,特斯拉的生日蛋糕被切开和分发,每个人都为这位发明家和无线电能传输的、可持续的未来干杯。

第二天上午,召开特斯拉人民大会(上半场主要用塞尔维亚语),而后在迷人的里滕豪斯广场旁的费城道德协会大厅安排了内容宽泛的英语演讲。这个小巧优美的空间挤满了爵士音乐家、儿童、老人和来自社会各阶层的闲逛者。

在这次会上,特斯拉的众多支持者(包括我自己)都作了简短发言。梅森带来了本年早些时候在土耳其和贝尔格莱德召开的特斯拉会议的最新情况。金尼(Joe Kinney)讲述了特斯拉迷们大量涌入纽约客酒店的情景。教育家雷德费恩(Ashley Redfearn)介绍了她如何将特斯拉融入学校的科学教育计划。作者帕西奥(Mark Passio)详尽阐述了他为什么认为是特斯拉的一个远程动力装置在2001年9月11日摧毁了世贸中心。库马尔介绍了一个运行无线电动巴士项目的最新进展。迪维纳(Mano Divina)和他的神圣之手乐团(Divine Hand Ensemble)演奏了一些优美的音乐。塞尔维亚电影制片人米尔科维奇(Zeljko Mirkovic)全程拍摄了这一事件的纪录片。

费城的艺术家和教育家耶泽(Brian Yetzer)讲解了他是如何设计特斯拉"增强现实"应用程序,以及特斯拉巡回展览的精美图片制作。这些彩色图片(见本书插页)可触发移动装置上的互动内容,演示有关特斯拉及其技术的即时教育视频。"技术在被大众接受之前被视为魔法。"耶泽有他的看法。当他的手机扫描特斯拉线圈的海报时，屏幕显示出一个具有功能的三维动画来解释这个装置，赋予了它鲜活的生命力。"知道特斯拉线圈如何运作不是很酷吗？"

其他的与会者描述了他们如何将来自地球和天空的免费能源应用到日常生活的理想主义。田纳西州的企业家莱瑟曼（Rodney Leatherman）正在斯莫基山脉建造绿色住宅，这些住宅将实现"零能耗"（它们自行提供电力）。"这些社区将利用750平方英尺的带风力涡轮机和地热供暖的房屋来自行发电。"莱瑟曼博士解释道。

我们置身其中的这座和平、革命和充满发明的城市在犹豫不决地走向21世纪的深处。在里滕豪斯广场展示的很多想法就像将被拴在树上的风筝一样，这些树扎根于我们日常生活中的现实。这个港口城市就体现了这种状态，对未来乐观，却裹足不前。

拯救特斯拉的梦幻宫殿

如果特斯拉最古怪的创意能成为可行的技术，情况会怎么样？当我从寻找特斯拉丢失的文件转向关注他给人类展示的许多辉煌才能时，这成为我面临的一个尖锐的问题。

我决定去参观纽约客酒店的3327和3328房间，发明家正是在那里去世的。酒店高耸于第八大道，离《纽约时报》大楼只有几个街区，不远处是港务局码头、麦迪逊广场花园和帝国大厦。这座建筑艺术杰作见证了特斯拉在其职业生涯中所做的大部分工作。当你进入酒店宽敞而忙碌的大厅，你能想象1930年这家酒店宣扬的现代世界品质，而在东边的几个街区，当时帝国大厦正拔地而起。

纽约客酒店目前为统一教团拥有，由温德姆连锁酒店管理，纽约客酒店是技术专家的朝圣地，主要是因为特斯拉。这座43层的摩天大楼建成于1930年，当时是纽约最高的酒店，它也是世界上首批属于设施一应俱全的"城中城"

酒店。1933年当特斯拉入住时，他会有宾至如归的感觉。

在地下室，你会明白为什么纽约客酒店成为现代化的典范，特别是如果你有幸参加金尼（该酒店的建筑总工程师和非官方档案保管员）提供的热门旅游的话。酒店曾经有一台运行发电机，可以为35 000人提供足够的电力。虽然酒店早已联入电网，但金尼还是带我去参观了长期闲置的大型发电机以及相关的基础设施。酒店的其他运营部分也令人印象深刻：一个占地一英亩的厨房，一个配有手术室的医院，一个无线电广播台和一个室内溜冰场。所有这些都是可以用的，因为酒店的发电机可以提供大量的电力。甚至有一条隧道（现已封闭）直接通往附近的佩恩车站。

金尼说他"不知道特斯拉是否曾来过这里"。但他带着顽皮的笑容补充说，这位发明家很可能知道他的贡献是如何创建成这样一家企业的。

我漫步到特斯拉的居所，实际上是由两个房间组成，每扇门上都有纪念匾。由于酒店允许人们在特斯拉的房间逗留，这样，我进去便没有敲门。多年

在纽约客酒店地下室的大型发电机，曾经为35 000人提供足够的电力。

来，来自巴尔干半岛和其他地区的官员纷纷来参观这家酒店，这里几乎成了与特斯拉有关的一切事物的起点。不过，仍然有沃登克里弗塔，就像雪莱的十四行诗《奥兹曼迪亚斯》(Ozymandias)中那座孤零零的、被推倒的纪念碑一样，在长岛的东端腐烂。

2012年，我在纽约参加的第一次特斯拉研讨会给了我启示。总部设在纽约的特斯拉科学中心的主席奥尔康(Jane Alcorn)、时任特斯拉博物馆馆长耶伦科维奇和特斯拉学者塞费尔都在会上讲了话。这是特斯拉迷的世界会议，强调了特斯拉的许多成就，并聚焦于如何最好地保存他的遗产。

耶伦科维奇主持了这次研讨会，呼吁"特斯拉仍然是有史以来最激发人兴趣的智者之一"。此外，作为一项额外红利，他准备了一个电脑动画，再现了特斯拉的沃登克里弗实验室在鼎盛时期的面貌。一场虚拟之旅带领观众穿越实验室，让观众们激动不已。

纽约客酒店的金尼、联合国教科文组织的官员兼特斯拉记忆项目负责人普罗蒂奇都是耶伦科维奇的追随者。几十年来，全球认可和立足于特斯拉成就的努力在不断发展。

研讨会最后一幕，让人想起百老汇的压轴戏，是创作了讽刺漫画《燕麦片》(The Oatmeal)的西雅图漫画家英曼(Matt Inman)上台。像许多其他的特斯拉迷一样，这位创作了《如何判断你的猫是否密谋杀死你》(How to Tell If Your Cat Is Planning to Kill You)等幽默书的作者认为，特斯拉的名声被爱迪生所遮掩是不公平的。当他的隐喻性漫画"特斯拉诉爱迪生"(Tesla v. Edison)获得超过40万个赞时（剧透：爱迪生出场看起来很邪恶），英曼知道他利用了一种对这位塞尔维亚发明家的现代忠诚的潜藏情感。英曼轻声说："他工作很辛苦。"当英曼随后讲述他的众筹活动，以购买被遗弃的沃登克里弗实验室所在的房产——最终从30 000多名捐赠者筹集了140万美元——全场爆发出热烈的掌声，并起立为他鼓掌。

当我在本世纪第一个10年行将结束时经过长岛,只见沃登克里弗的遗址已经成了一片废墟。它实际的情况比这还要糟:它最近的占据者之一是无双摄影公司,在那里和周边倾倒了大量的有毒化学物质。这座有冠状烟囱帽的宏伟建筑日渐破败,像20世纪初的特斯拉一样,沃登克里弗需要一个金融救世主来拯救,尽管找到愿意掏数千万美元对这座破败的建筑进行修缮的有钱人的可能性极小。毕竟,这个阶段处于20世纪30年代以来最严重的经济衰退的高点。那些贪婪的大亨在肖勒姆旧址以东几英里的地方拥有自己的汉普顿宫,他们正在出售他们的盖茨比梦想,只想着摆脱困境。多亏了英曼2012年的众筹活动,以及埃隆·马斯克100万美元的捐款承诺,买下了肖勒姆的房产,将特斯拉的遗产扩展成为沃登克里弗一个正在成长的教育中心项目。尽管如此,奥尔康说至少需要1000万美元,才能让游客看到长岛这里的原貌。这是一个正在进行的项目,需要数年时间,但最终会让许许多多人了解特斯拉惊人的工作和胸怀的愿景。

特斯拉是21世纪的最大赢家

当我向特博问起有远见的亿万富翁埃隆·马斯克时,特斯拉的这位甥孙说他感谢这位企业家的支持,但又提醒说"他欠我一辆车"。

在特斯拉1919年写的自传中,他有如下的夸耀:

"早在1898年,我就向一家大型制造企业的代表提议,建造一种车厢并向公众展示,让它自动运行,执行大量的操作,包括类似判断的动作。但我的提议在当时被认为是空想,没有采取任何行动。"

如果说对特斯拉的说法有一个更有力的全球性认可,那无疑是在他的最初提议过了110年之后,在2008年推出的特斯拉跑车。虽然它肯定数不上是第一辆全电动车,但它是最时尚、最性感,也是速度最快的没有排气管的汽车之一。它复兴了特斯拉的遗产,成为一个热门的全球品牌,并且是富人强力的地位象征。

2003年,硅谷工程师塔彭宁(Marc Tarpenning)和埃伯哈德(Martin Eberhard)创建特斯拉电动车公司,由马斯克和其他风险投资家提供资金。1997年,丰田普锐斯(Toyota Prius)成功地将电动机与汽油发动机结合发明了混合动力车(我们拥有一台),21世纪伊始,即成为美国电影明星和精英人士追求卓越的消费象征。下一步是发明一辆完全没有尾气排放的汽车。塔彭宁和埃伯哈德需要700万美元建造一个原型机,他们找到马斯克,马斯克出资650万美元,成为该公司最大的投资者。

马斯克从他的贝宝投资中获得资金,他正在做一项更加雄心勃勃的风险投资:太空探索技术公司(SpaceX)。马斯克想要在太空探索中发射可重复使用的火箭——多级火箭的组件可以着陆,完好无缺,降落到地面或海上发射平台!随着重复使用,这样的计划不仅可以使火箭发射节省数十亿美元,而且它将使私营公司能够发射自己的卫星和进行太空探索任务。其目的是大量制造火箭,使单位成本下降。在撰写本章时,已有四次火箭发射的一级(助推器)分离后从低空轨道返回,成功垂直着陆。

与此同时,施特劳贝尔(J. B. Straubel)前往斯坦福大学学习物理,住在离特斯拉公司约半英里的地方,他想用锂离子电池为汽车供电,而锂离子电池当时(和现在)被用于为手机和其他小型设备供电。据说,在与马斯克第一次见面的午餐会上,他获悉有1万美元支持,用于监管车辆的技术和工程设计。

第十章　永恒的特斯拉　223

2014年7月14日，SpaceX的猎鹰9号火箭完成发射ORBCOMM™-OG2任务，它成功地部署了6颗通信卫星。

从概念上讲,特斯拉电动车有一个豪华的车身,内置了发动机、计算机芯片、车轮和电池。但当设计者发现需要大量的能量驱动一辆价格昂贵的高性能跑车时,工程很快就自行地开始了新变化,最初20个锂电池的技术规格不断增长,直到近7000个,由此增加了发生火灾的危险,特别是如果电池暴露在空气中。在投资了数千万美元后,工程师和投资者最不希望看到的是一辆价格过高且易爆燃的汽车。

在几次内部管理争议后,因公司在汽车研发中的亏损,埃伯哈德的首席执行官职务被免。马斯克在积极推动一款发布日期不定而价格不断上涨的新车。他的SpaceX测试发射就像早期的太空竞赛——引起公众广泛注意,跟着火箭爆炸。不过,新款价值六位数的敞篷车证明了它的成功,接着在2012年推出了更适合驾乘的S型车,该车税前70 000美元。新款订单源源不断,低价位的Model 3也很抢手。

就在我参加纽约客酒店会议后不久,我父亲对特斯拉S型车(Model S Tesla)表示了兴趣。他87岁,已不能再开小货车,他想要一辆比20世纪80年代的水星车(Mercury)更雅致的车,要有他在佛罗里达州保留的四轮马车(仿造的敞篷车)的折叠车顶。我妻子凯瑟琳答应在一个晴朗的夏日带他去试驾。特斯拉跑车行驶平稳,像一只在徘徊觅食的美洲狮一样静默无声。坐在世界上最现代化的跑车里,我父亲获得了十足的满意,而后带着会心的微笑回到他的丰田小型货车。

当你驾驶特斯拉S型车时,你看不到它背后的系统。虽然你是驾驶者,但它是由一台能持续监控跑车性能的复杂计算机控制的。此外,特斯拉跑车还连接到一个更大的系统,该系统可以通过互联网安装软件升级。特斯拉跑车不仅仅是一辆电动车;它还是一个半自动控制系统,一台通过移动互联网与工程师连接的四轮的计算机。如果我不是有两个女儿要上大学,如果我不想在退休后缩减开支,我会非常渴望为自己购买这种最先进的汽车。

特斯拉汽车品牌已经成为道路上不可缺少的地位象征之一,它是特斯拉这位发明家会接受的机器,新的指令和升级可以通过无线网发送到汽车的大

2014年的照片，特斯拉S型车在法国巴黎新开张的展厅前。

脑。如果这辆车不需要半吨电池，可以通过大气中的能量来充电，那它将是绝对完美的汽车。就在本书付印之际，该公司正在开发一种最终能实现无人驾驶的版本。最终，特斯拉S型车将超越权威性的《消费者报告》(Consumer Reports)评级系统。

特斯拉应该会因其他的原因喜欢上特斯拉跑车：它很快会有独立控制的单元，由一个大的系统支持。有工程师下载代码，让跑车在偏远的地方也能良好运行。有快速发展的超快充电站(充电时间以分钟计)网络，这样车主就不用担心在美国的任何地方受"里程焦虑"(即电量耗尽)之苦。

在系统集成的更大跨越中，特斯拉公司也在销售适于家庭的独立电池阵列。这意味着你可以通过电网或屋顶的太阳能电池板[由马斯克的另一家公司太阳城(Solar City)公司销售]给特斯拉电池充电。虽然这与特斯拉的交流电网模型相反——你生产自己的直流电而不是依靠大型电网——但这是未来能源独立的重大进步。马斯克的"动力墙"(Powerwall)也可以在主流连接方式断电时为你的家庭提供电力。

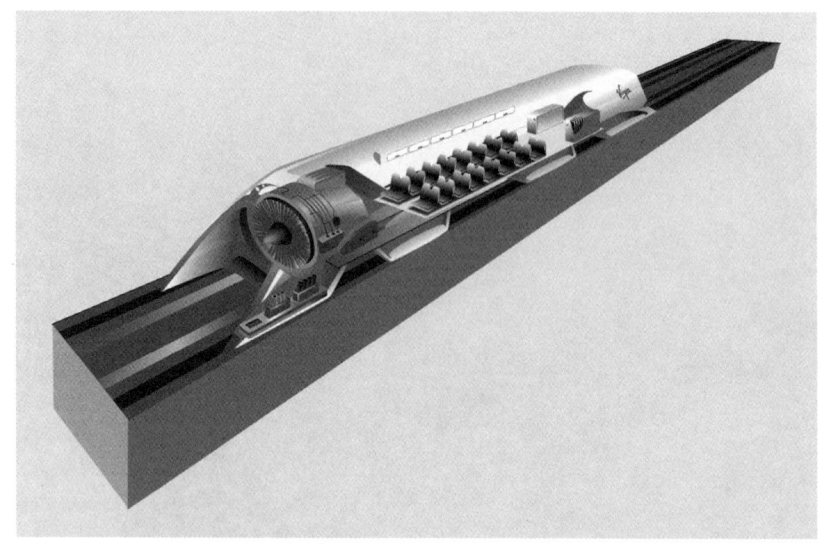

由艺术家桑切斯(Camilo Sanchez)创作的马斯克的超环概念图,让人想起特斯拉1919年在自传中提到的一项假设技术。

特斯拉公司的"动力墙"并不是第一个为那些想要"脱离电网"的人提供直流电源的系统。在偏远地区的数千户家庭利用太阳能、风能、地热甚至生物质(将粪便转化为甲烷)能源的组合已经实施了几十年。动力墙系统不仅能产生直流电,它也能将直流电转换为交流电,以便你所有的家用电器都可以运行。每个动力墙(最初的销售单元)最多可以存储多达7千瓦,这对普通家庭来说已足够用。然而,为了获得广泛的接受,该系统要有合理的价格,以便为建筑商和修缮者采用,而不是被有势力的公用事业机构拒之门外。这可能需要一些时间。

马斯克的激进创新震撼绝非空谈。他已建议研发"超环"运输系统,在加州从南到北(也许还有其他地方)建设封闭的管道,借助磁悬浮技术以每小时700英里的速度运送旅客。这并不令人奇怪,这与特斯拉自传中描述的创意有几分相似:

"我的另一项计划是围绕赤道建造一个圆环,当然,它是自由漂浮的,在旋转运动中能被反作用力制动。这样,它能以大约每小时1000英里的速度运行,这是火车无法达到的速度。"

从特斯拉到谷歌

特斯拉的故事,包括他对马斯克的影响,已经在技术世界引发了冲击波。对于那些在世界范围接受伟大思想的人来说,特斯拉已经成为他们的守护神——一个被不幸之箭刺穿的圣塞巴斯蒂安(Saint Sebastian)——他因为与资本主义的冲突而殉难。

当拉里·佩奇阅读奥尼尔写的特斯拉传记时,他才12岁。据说,这位谷歌未来的联合创始人读完这本书时哭了,他感到一种个人心灵上的痛苦,一个有着伟大思想的人竟以如此委屈的方式结束自己的生命。

作为密歇根州立大学计算机科学教授的儿子,佩奇熟悉技术思想,并被鼓励探索世界。他攒电脑,做实验,也玩电脑。1995年,在进入斯坦福大学并在世界著名的计算机科学系学习博士课程——一切高技术的源泉——之后,他与俄罗斯出生的博士生布林(Sergey Brin)相遇。1998年9月4日,两人开始创建谷歌,从校园发展到车库,很快车库装不下了,在从朋友和家人那里筹集到100万美元后,他们搬到帕洛阿尔托附近的一家自行车店。

在早期阶段,谷歌实施一种松散的、基于创造力的管理风格,此后谷歌被分拆归一家称为"字母表"的控股公司所有。公司鼓励员工享受工作乐趣,开展自己的项目,并且要"不作恶"。尽管他们面对科技行业的巨头微软和苹果,但一种玩乐和愉快的感觉也给"谷歌人"注入了目标感和某种放任。

特斯拉的动力是有益于人类的创意,受其鼓舞,佩奇将他的管理哲学建立在道德基础之上,他被认为是新一代的"新生企业家"。佩奇在公司管理中采用了在密歇根大学读本科时在领导力课程中学到的原则,学校"领导者塑造"项目的座右铭是"诚信为本,忽视不可能,做一些特别的事"。获得谷歌"快乐的好伙伴"称号的谷歌员工坦恩(Chade-Meng Ten)这样写道,公司有"对更大的善行富有同情心的文化。与特斯拉为世界带来和平的全球精神目标相呼应,谷歌——现在是字母表公司——员工们肩负着使命"。

通过附属公司,字母表公司专注于综合系统以提高世界各地的生活质量。在微观尺度,它的鸟巢恒温器可以感知用户何时需要冷却和加热以节省

位于加利福尼亚州芒廷维尤的谷歌公司总部,被称为"谷歌普莱(Google-Plex)"。这是一个独特而庞大的工作园区,有洗衣房、游泳池、18家自助餐厅,甚至还有一具恐龙骨架。

能源成本。而在更大范围,通过其步行街实验室有效地控制资源,公司希望创建与互联网相连的"智能城市"。所发明的谷歌眼镜/计算机界面将虚拟现实和互联网的力量直接嵌入你的视神经中。字母表公司的其他投资项目还包括自动驾驶汽车、医疗保健和延长生命的研究。

年收入超过700亿美元,股票市值居所有上市公司之首,谷歌/字母表可能会进一步整合个人技术、全球系统和能源管理。它不仅为其庞大的计算机服务器创造了自己的清洁能源,而且它更大的使命是战胜基于化石燃料的地球毁灭模式。

毫无疑问,谷歌/字母表将特斯拉视为精神教父,但特斯拉作为商人失败后,佩奇和他的公司正在取得成功。100年前像竹笋一样被种植的思想,正在成长为一片充满可能性的森林。

特斯拉和其他的创新者：他们有什么共同之处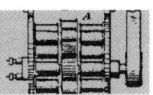

很少有人比艾萨克森更了解创新精神，正如第九章所提到的那样，他写下了富兰克林、爱因斯坦和乔布斯的权威传记。他对这些创造性天才的见解在他的《创新者——一群黑客、天才和极客如何创造了数字革命》(*The Innovators: How a Group of Hackers, Geniuses and Geeks Created the Digital Revolution*)一书中达到顶峰。正是艾萨克森综合了从启蒙运动初期到我们当今数字时代的技术发展。

艾萨克森编撰了一个看起来不太可能的创新者的故事。从乔布斯创建苹果帝国的历史中，艾萨克森提炼出了是什么使得范式转换的创造力成为可能：

创造力来自艺术和科学的融合。达·芬奇在涉足科学追求之前是一位技艺精湛的绘图员和画家。乔布斯从游历世界中学习艺术和设计。爱因斯坦拉小提琴。而特斯拉将诗歌和文学作为他最具开创性发现的灵感来源。伟大的创新者拥抱人文，并将其融入他们的精神和工作。

创造者自有谦逊和宽容。爱因斯坦临终前遗憾自己没有形成"大统一理论"。富兰克林欢迎大家进入他的创造圈，他称之为"俊托俱乐部"，后来发展成为美国哲学学会。2015年，我听到艾萨克森在芝加哥人文学术节活动上演讲说："如果你要有创造力，你需要有一定的谦逊——你必须倾听他人的声音。"

创造者必须充满激情并且能够改变现实。你必须能够打破界限和破除已有的模式。为什么一度被称为二级电脑公司的苹果进入了手机或音乐下载业务？当时，许多持怀疑态度的人告诉苹果团队，他们在这些新行业发展不出业务，后来的事实已经证明，苹果是如何主导并颠覆了旧模式的。艾萨克森讲述了乔布斯如何劝说康宁公司同意为苹果手机开发独特的、无刮痕的玻璃。康宁的高管说,他们无法满足乔布斯看起来很不切实际的截止期。"乔布斯坐在那里盯着他们,结果他们做到了。"乔布斯和他的团队能够改变现实以实现某个目标,这与特斯拉的做法如出一辙:特斯拉设想了一个旋转磁场并围绕它建立了一个电力系统(和世纪)。坚韧与知识相结合会成为一种不可阻挡的力量。

创造是一项团队运动。根据艾萨克森的说法,最有力的创新来自一个充满活力的团队。在我们的科技时代所有的伟大创新都来自团队,并不是什么人都称得上是天才。不同个体团队的合作创造了诸如灯泡、能源系统、互联网、手机和智能城市。个体之间并不总是相互一致,但他们设法共同努力实现共同目标。特斯拉的一些最重要的全球性工作,包括他的交流电,都是来自与其他工程师的合作。你需要一群人才,并借助知识和实验的世界联网,来创造出改变世界的某些有用的东西。在一个真正有创造力灵魂的头脑中,不可能也会成为可能,但你需要与他人合作,将你的激情变为现实。

第四次工业革命

我最后一次住在纽约客酒店,是在我完成研究前,我在那里逗留了一个月,其实与写这本书无关。我当时参加了由美国商业编辑和作家协会主办的一个新闻会议,该协会是我十分喜欢的新闻团体,我成为其会员已有十多年了。当时我还参加了一个讨论大学贷款罪恶债务[(我的第一本电子书《无债学位》(The Debt-Free Degree)的主题]的小型研讨会。如果没有了负担得起的教育,我们将走向黑暗,而不是光明的未来。

我几乎没有怀疑我会在这次活动中找到另一个特斯拉连接。纽约市副市长、金融信息公司彭博社的前首席执行官多克托罗夫(Daniel Doctoroff)作为人行道实验室的首席执行官谈到了"互联城市"。为了在全市建立一个具有公共互联网接入点的系统,多克托罗夫和他的团队正在探索"颠覆性创新"的可能性,以使网络连接成为任何人都可以使用的广泛共享资源。

"我们共享[网络]资源的能力将创造更加繁荣的城市,"多克托罗夫预测,他注意到世界上大多数人口现今居住在城市地区,"数据和技术的结合将使城市更加宜居。"多克托罗夫断言,整个城市提供免费无线互联网接入将推动这一转变。这会增强创建"智能"城市的更大愿景,"智能"城市使用大数据来更有效地利用能源、空间和资源。

哪里需要能源和信息,如何更好地对之加以引导?城市如何在最需要的时候——比如在飓风"桑迪"这样的大风暴期间(2012年"桑迪"使曼哈顿近一半地区被洪水淹没和黑暗笼罩)——更好地获取能源?在气候变化严重威胁我们现有基础设施的今天,无线信息共享、电力和资源都至关重要。这就是由字母表公司资助的人行道实验室的使命,得到了佩奇(他受特斯拉的激励)的祝福。

解决广泛存在的城市资源问题的系统方法将把超级计算、能源网络、互联网和大数据的力量统一为元集成,使城市生活更加方便和实现可持续发展。更环保的城市、交通、垂直农场、机器人和其他重要系统正在特斯拉世界观的元集成中涌现。

尽管如此,从特斯拉和英萨尔的中央发电站——驱动电网的"大系统"的思想可能会发生一些有意义的转变,使电网变得分布更加均匀。随着世界经济跨过了可负担得起的清洁能源(与化石燃料相比)的经济门槛,建筑业主将创建和管理自己的电力,创建**微电网**。例如,离英萨尔启动世界上第一台大型涡轮发电机只隔几个街区的芝加哥伊利诺伊理工学院拥有自己的微电网,由风能和太阳能供电。该学院的罗伯特·高尔文电力创新中心正引领这一"更环保、更清洁"的研究方向。

很可能所有的家庭和房屋都将能够为未来的"消费者"[谢谢托夫勒(Alvin Toffler)[①]的观点]提供自己的电力,用剩余的电力供应大型电池和电动汽车。如果这个绿色能源系统扩大规模,城市也许能够以指数级减少对化石燃

---

① 托夫勒(1928—2016),世界著名未来学家。1970年出版《未来的冲击》,1980年出版《第三次浪潮》,1990年出版《权力的转移》,被称为未来三部曲,享誉全球,对当今社会思潮有广泛而深远的影响。——译者

料的依赖。

独立的、几乎是无线的电源将改变家庭、交通系统和整个城市的建设方式——并将其重新配置——世界经济论坛称之为"第四次工业革命"。这种范式转变的浪潮正在融合人工智能、控制论、互联网,以及大规模的嵌合基因组学。例如,房屋可以自动"思考"以适应能源需求、天气变化甚至可能是气候变化。高端"智能"住宅已经做到了这一点——房主可以远程编程控制它们或在度假时关闭它们。

当你生病时,体内的嵌入式传感器会告诉你,传感器也与独立的计算机连接,会告诉你如何更快地治愈。你甚至可以借助一台在线超级计算机重新

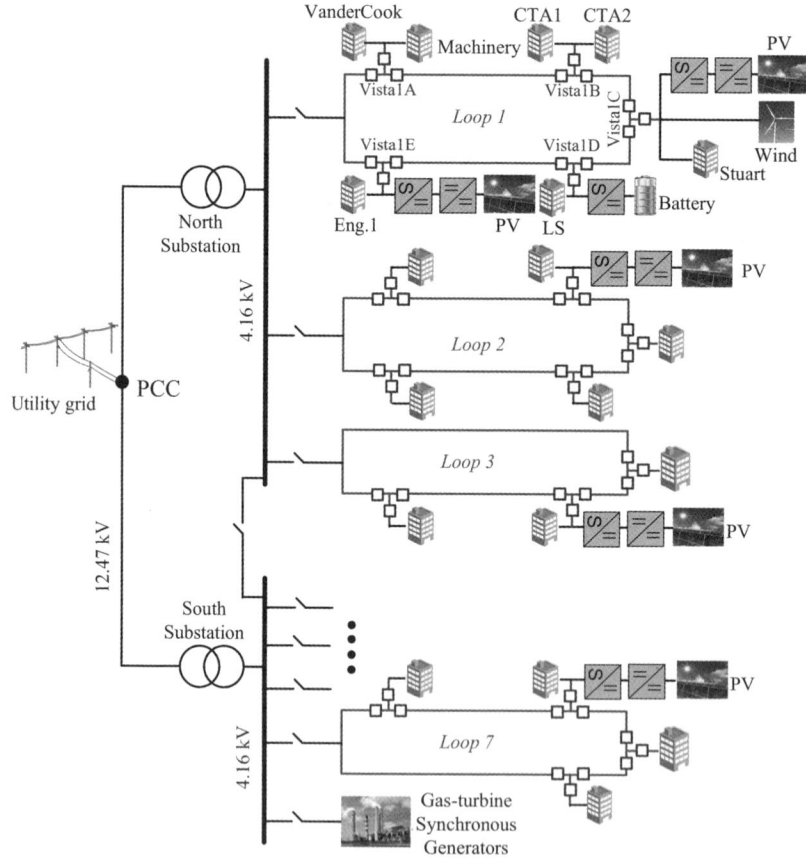

芝加哥伊利诺伊理工学院清洁能源微电网的电路图。

编辑你的基因,以帮助你避免癌症、糖尿病或心脏病。与这个元集成的世界相连接的每个人都可以活得更长久、更快乐——当然,除非在"奇点"[参见雷·库兹韦尔(Ray Kurzweil)的著作《奇点临近》(The Singularity Is Near)]之后出现一个巨大的智能网络并且断定没有人类的地球会更好。这种前景甚至让马斯克和其他科技巨头都感到害怕。马斯克已经成为陆地和太空系统创新的代表,他承诺无线供电将成为现实。像许多技术专家一样,马斯克也倡导建立人工智能的伦理框架,并勇敢地提出当人工智能成为"生存威胁"时,要成为人类的守护者。

为什么智能网络不能提供无线供电、信息以及住宅和车辆的定位?英国和韩国的实验是将电子发射器植入路基,为无线电动汽车提供电能。有人认为未来的交通基础设施不会有架空电力线,也不需要化石燃料,这种想法并不为过。公交车、列车和卡车的柴油发动机也将消失。当然,对于各种有助于地球的系统来说,电力必须来自清洁能源。无线感应电动机——特斯拉的创意——今天,这就是入场券!

对我们的文明来说,目前更重要的不是另一种大规模杀伤性武器,我们需要的是一些技术突破来遏制气候变化,气候变化将影响我们所有人,并引发更多的全球冲突,以及对资源的毁灭性战争。

特斯拉远远领先于他的时代,他以思想的形式释放出来的能量仍然与我们同在,并改变着我们与地球的关系。特斯拉的许多想法似乎很牵强——尤其是在一个多世纪前提出时——但地热发电今天已成为现实。我们**也许**能通过地球传输能量,无线供电**可能**会在全球范围广泛使用,尤其是如果我们能从漂浮在太空中的太阳能电池板传输电能。电磁场**已**用于治疗和诊断。

远程动力学也有可能在某一天实现。也许特斯拉的后继者,如工程师多拉德(Eric Dollard,在没有电话或互联网连接的莫哈韦沙漠工作),将来有一天会使用特斯拉的技术来预测地震。我没有资格评估这些技术的可行性,但如果特斯拉的生活和遗产有重要启示的话,那就是保持开放的思想。

如果我们想找到拯救人类免于灭绝的方法,我们必须从不同的领域走到

上图描绘了中国的广州市南沙区打造"智慧城市"的规划。

一起,利用元集成和人工智能的无限可能性。技术人员需要与人文学者交谈,设计师需要与语言学家交谈。我们需要花更少的时间在社交媒体,而用更多的时间在面对面的社交场合与人交流。"[人类]之所以与众不同,是因为我们能猜出别人的心思,"芝加哥大学的神经科学家埃普利(Nicholas Epley)指出,"正是社会智慧使我们与众不同。"埃普利在他的著作《心灵智慧》(*Mindwise*)中写道:"我们的头脑确实能够做出非凡的成就,但认为90%的潜能尚未开发是错误的。这些无意识的过程在你生命的每一秒钟都会被利用,以合理的适应方式管理你几乎所有的行为。"特斯拉的精神以许多方式渗透到了我们的意识中,他的愿景也渗透到了每天正在进行的改善文明的项目中。

虽然更可持续的系统对我们的生存至关重要,但我们需要恢复自己的信心,需要那些能创造所需之物的想法,改变我们的不良行为,使这个世界变得更美好。颠覆传统智慧,重塑文化态度是重要的一步。道德、自立和对自己的信心必须成为平衡的一部分。我们还必须放弃一切形式的暴力,找到更好的不用武器的方法来解决冲突、贪婪和灵魂疾病。

最持久的创新者永远不会放弃人类独特的能力来拯救和重新审视世界。值得永远赞扬的是，特斯拉将创新和社区建设与世界和平联系在一起，他在一个多世纪前写的自传《通往永久和平之路》(The Road to Permanent Peace)中有一段简短而有力的话：

"我们现在最需要的是在全世界的个人和社区之间建立更紧密的联系和更好的理解，消除对崇尚民族利己主义和民族自豪感的狂热崇拜，这种思想总是容易使世界陷入原始的野蛮和冲突。"

最后一次参观纽约客酒店

就在我完成这本书的素材，要返回芝加哥开始写作之前，我小心地回到纽约客酒店看最后一眼。我想查实3327房间，拍一下门上特斯拉纪念匾的数码快照。正当我调整智能手机的相机时，门突然打开，吓了我一跳。漫画家洛根(Teresa Roberts Logan，又名"好笑的红发女郎"，一个恰当的昵称)站在门口。

起初，我很尴尬，洛根和房间里的另外两人——插画家贝利夫斯基(Carolyn Belefski)和电影导演兼摄影师卡拉贝奥(Joe Carabeo)——可能以为我是某类令人恐惧的跟踪者。情急之下，我赶快解释说我无意敲门，我正在写一本关于特斯拉的书。然后我问他们知不知道特斯拉是谁。

他们都笑了。

他们不仅知道特斯拉，而且肯定在房间里"感受特斯拉的能量"。因为他们在城里参加动漫展——一年一度的人类想象力庆典——所以我不必告诉他们特斯拉的故事。凭借他们的创造力和冒险精神，他们已经与天地分享了特斯拉的能量。

特斯拉式的行为 ⑩　学会整合

变化不可避免，而且难以驾驭。为了使积极的变化融入我们的生活，我们必须是嵌合的，也就是说，我们必须整合并体现那些尚未被我们接受的智力和个性的不同部分。还有如此多的东西需要认识和发展！这不再是一个简单划分为"左脑"对"右脑"的世界。哈佛大学教授加德纳（Howard Gardner）是一位全球认知和教育专家，他认为智力有多种形式：语言（交流、学习新语言）；数学/逻辑（解决复杂问题、批判性思维）；音乐（节奏与和声）；视觉空间导航（舞者、艺术家和飞行员都有这种能力）；身体动觉（运动能力）；人际关系（与他人合作和互动）；内心的（内省的）；自然主义的（了解自然如何运作）；以及教学。我们都拥有各种类型的智力的不同层次，但若要充分发挥我们作为人类在不断变化的世界中的潜力，我们需要整合一些智力形式。

这在实践中意味着什么？意味着接受你不知道的事情，学习新东西，了解身体如何输送能量。在我完成这本书的前一年，我看到太极大师黄忠良（Chungliang Al Huang）的演讲，他帮助我了解了太极（以及它的能量运动的压缩形式：我每天练习的气功）是如何增强思想、身体和精神的。"开门见山。"黄先生一边说，一边演示精美的中国书法和武术。这种能量来自哪里？来自宇宙，正如特斯拉所理解的那样。你如何增强它？通过笑、跳舞、做数学游戏、教学、制作音乐，以及探索自己并不真正了解的人生一面。然后你会发现人际关系的丰富性，以及你的朋友是谁。

特斯拉是富有创造性的"客迈拉"（参见引言）的光辉典范，他将语言的智力形式与他掌握的多种语言、内心的智力形式与不断的内省、视觉空间智力形式与他的可视化实践，以及自然主义智力形式（通过在欧洲和美国山区的观察和远足），全都融为一体。特斯拉以他自然的数学—逻辑智力形式为基础，并在他畅游塞纳河、与大艺术家和大科学交往、用他的交流电和遥控船令大众着迷、在私人信件和权威杂志上阐述他那丰富多彩的生活和无数创意之时，努力改进其身体动觉、音乐、教学和人际关系智力形式。

在未来，身体的嵌合集成会更紧密地将我们与人工智能融合在一起，无论好或坏。对一些人来说，这已经发生了。植入身体的芯片可能将重新编辑我们的基因或避免心脏病或糖尿病的风险。我们已经有假肢和人工关节，其中一些与我们的神经回路连接。我不确定何时——或是否——我们将撞到库兹韦尔所说的"奇点"并变成机器的奴隶。机器能写出莎士比亚戏剧、巴赫赋格曲或艾略特(T. S. Eliot)的诗歌吗？也许计算机可以复制这些作品，但这些复制品仍具有其原创者的"神圣"思想火花。此即你可以施展的地方。

吸收你周围的能量并集聚内心的能量，用来传播你独特的天赋和对世界作出贡献。在一个不知名的地方闲逛。如果你不做任何艺术，不妨试试涂鸦。如果你跑不动，那就走。平衡你的支票簿。做些异国风味的菜。教人一些你熟悉的东西。试着了解地球在发生什么。总之，把自己想象成许多美好部分的总和，用你的微光影响这个宇宙。

结语
挥之不去的空气

在爱尔兰德格湖的一个岛上，有一座大教堂和修道院。1000多年来，人们光着脚来这里朝圣。

我亲眼看到这些朝圣者，他们沿着爱尔兰海岸攀登这座称为克罗帕特里克山的圣山，双脚伤痛流血，试图像传说中的圣帕特里克(St. Patrick)那样洗清他们的罪孽。我和妻子也爬了这座山（我们穿着鞋，谢天谢地）。

有一首歌曲叫《德格湖的十字架》(The Cross of Lough Derg)。我第一次听到这首曲子是在芝加哥艺术学院的一场音乐会上，由让人叫绝的小提琴家卡罗尔(Liz Carroll，他也是这首曲子的作曲者)演奏。这是一首简单的旋律，充满了痛苦的渴望和惋惜。

作为爱尔兰民谣乐队的小提琴手和歌手，我此前从未听过这首歌，而一些潜意识的情感让我流出了眼泪。也许它引发了一些未被意识到的悔恨，就像洞穴的暗河一样深；或者也许是卡罗尔的激情演绎所致。几个月后，当我在录音带中再次听到这首歌时，它触动我想起了特斯拉。

很可能特斯拉独自和他的鸽子在一起时，已不再有什么念想，他感受到了流亡者在离开祖国50年后的痛苦渴望，那种压抑的情感会在他生命最后的日子里涌来。当特斯拉去世时，他的祖国已被乌斯塔什(Ustase)——法西斯克罗地亚纳粹占领，他们疯狂地杀害了特斯拉的数千名塞

承蒙莫汉(Richard Mohan)主教惠允,博彻特(Andreas F. Borchert)拍摄此照,可见由威廉·斯科特(William Scott, 1871—1921)设计的大教堂,建于德格湖车站岛(Station Island),以纪念圣帕特里克的炼狱朝圣地。

族同胞,还有许多罗马尼亚人和犹太人。

特斯拉知道这场屠杀吗?既然他通过年轻的彼得国王(后来流亡到美国)与他的国家有联系——也许他们谈到了大屠杀。当时,特斯拉的生命之路完全是开放的:他的发明正在运行世界的电网,而他标准化的通用系统就在他大量的笔记中。特斯拉虔诚的父母早已去世,亲爱的哥哥戴恩仍在他的意识中萦绕,造成幻象多,睡眠少。

特斯拉做了什么?连接起如此孤立和破碎的、战争正横贯大陆和海洋的世界。虽然特斯拉有办法通过大地和天空传送能量,但他的理论却无法阻止几乎让所有的文明陷于战火中的闪电。

特斯拉遗憾。没有统一的理论可以在他去世前带来和平,当世界在经历了恐怖之后进行忏悔时,悲伤的旋律在继续。然而,特斯拉的思想仍然是青翠的希望之岛,隐藏在神圣的潟湖之中,唯有圣者才能忍受魔鬼的诱惑。

我们如何超越世界的邪恶自满来解决全球一些最大的问题?我们当然可以运用创造力和慷慨的精神——如特斯拉所做的——但我们也需要解决所关涉的某些浮士德式的交易。第四次工业革命是互联网、人工智能/机器人、大数据和基因组学的元集成,是最终的嵌合转化。我们正在融入**超级**机器时代,然而我们需要承认可能带来的道德后果。

例如,物理学家霍金(Stephen Hawking)警告:(人类)这种转变"创造了事物可能出错的新方式"。他提醒说,比如,我们可能因基因工程造出超级病毒,我们也没有完全意识到核战争和全球变暖的持续威胁。地球的健康应该是我们关注的重点——而**不是**智能手机能否快速下载视频,或者我们能否设计出更好的婴儿。教皇方济各(Pope Francis)在2015年的通谕《赞美你》(*Laudato Si'*)中告诫说,气候变化应该被视为一场全球的精神危机,同时也是一场生态危机。在持续的极端气候事件中,人们的家园将会消失,数百万人将会死亡。我们需要采用教皇所称的"整体生态学",将科学、技术、道德和对世界上最脆弱人口的同情结合起来。

在应对科技带来的希望、欢乐和**威胁**的同时,你如何向最脆弱的人表示同情?

当这么多事情发生得这么快时,很难建立一个道德框架。例如,2014年,超过24 000台机器人交付给客户。据估计,2015年12月,有100万架(主要是**玩具**)无人机作为圣诞礼物赠送了出去。数百万机器人正在被设计用于帮助老年人和残疾人。机器人、无人驾驶汽车正由谷歌、特斯拉汽车和许多其他制造商开发。

根据世界经济论坛(WEF)的数据,目前总共有100多万"工作机器人"在工作。与此同时,无人机被用来监视和暗杀美国在世界各地的敌人,此外还执行其他的非致命任务,例如监测全球变暖的影响。尽管军用无人机的总数尚不清楚,但有超过3万家公司与五角大楼签订了供应合同,为其提供无人机。它们正变得越来越普遍,越来越致命。到处都有摄像头和程序,监视着我们的一举一动。

虽然特斯拉通过他的机器人研究和"世界系统"的发展明确地构想了武器,但他提出了用他的技术**保卫**国家的想法,我认为他会赞成为此目的设立一个"和平部"。

随着技术的元集成成为主流,我们面临的另一个威胁是人类能源和就业被置换。世界经济论坛一个令人震惊的预测是,多达**一半**的工作"很可能在未来10—20年内被计算机所取代"。世界经济论坛预测,未来5年,发达国家将有500万个工作岗位因普遍的自动化而消失。这似乎是一个保守的估计。这对机器人/人工智能设计师和制造商来说是好消息,但对我们其他人来说却是坏消息。

最终,正在发展的元集成可能会加剧全球日益严重的经济不平等。正如耶鲁大学经济学教授、诺贝尔奖获得者席勒(Robert Shiller)在2016年达沃斯论坛上指出的:

> 你不能等到房子被烧毁才购买火险。我们不能等到我们的社会出现大规模混乱时才为第四次工业革命做准备。

量子计算机、通用无线电源、机器人技术和大规模共享信息等重大突破能否帮助我们创建全新的系统,以避免灾难性的气候变化,同时增加很好的新工作?我们有理由怀抱希望。建筑物和住宅现在可以通过控制系统自我监控,以降低能源成本和碳排放。所谓的"零能耗"住宅可以自行发电,并利用地球的热能资源就地供暖和制冷。据我所知,麻省理工学院培养的工程师和发明家扎德雷杰(Victor Zaderej)不仅在设计这样的住宅,而且还在完善低能耗照明系统,大幅降低任何住宅或其他建筑的照明成本。这些系统甚至可以用于室内的植物生长系统,并为地球上一些最黑暗的地方带来光明。

扎德雷杰创造性核心的核心是:"好奇心、犯错的意愿、对事物如何运作的基本理解,以及多年来积累知识的能力。"他是数十万每天都在进行实验的制造商、修理技师、电脑黑客和程序员中的一员,是现代的特斯拉。

在更广泛的范围内,世界已经跨过了一个充满希望的金色门槛,这是更好的消息。太阳能和风能等替代能源在经济上比化石燃料更具竞争力。外造骨骼帮助残疾人再次行动自如,基因编辑承诺"剪掉"使我们生病的生物代码。人工智能不再是空想;不论好坏,每次你登录时它都在那儿。火箭可以重复使用并且越来越便宜。特斯拉如若在世也会为这些进展欢呼。

经济学家兼专栏作家克鲁格曼(Paul Krugman)认为:"拯救气候灾难是我们切实希望看到的事情,不需要任何政治奇迹。"

我们如何将技术进步与人类和精神需求结合起来?在许多方面,苦行者和独身的特斯拉体现出有高尚精神的科学家的本质,寻求和平和启蒙,牺牲个人的形体存在去发现闪电的真相,一个赎罪的普罗米修斯,往往是破坏性的能量本身。

但是,当我们很容易通过数字支付和在线机器人来消费,而这些电子支付和在线机器人能为我们找到更多可以购买的东西,进一步掠夺地球时,我们该如何拯救和增强我们的人性呢?我们如何利用技术的破坏性承诺来改善我们的生活**质量**,而不是满足我们物质欲望的**数量**?在一个每笔交易都受到监控的世界里,我们如何保护我们的隐私?

在恢复精神生态和经济——广泛地将我们联系起来,类似特斯拉的"世界系统"——中,我们可以开始相互沟通,以弥合技术所造成的道德和人力资本的分离。

未来主义作家里夫金(Jeremy Rifkin)评论道:"随着数字化的发展,我们有了将人类连接在日益包容的网络中的工具,于是我们就可以在历史上第一次在人类大家庭中开始思考和行动。"

共有的同情和精神经济学必须是技术的众多产品背后的指导思想。我们需要仔细倾听,并使用我们创建的元通信网络对全球关注的问题采取行动。全球社会需要就共同的问题达成共识,而不是迎合个人的愿望。人类必须注意弗洛伊德(Sigmund Freud)于20世纪20年代在《文明及其不满》(Civilization and Its Discontents)一书中所写的:

> 只有当多数人聚集在一起,人类共同生活才有可能,这比任何个体都强大,并且要保持联合抵制任何不同的个体。然后社区的权力设定为"正确",反对被谴责为"暴力"的个人权力。

我们比以往任何时候都更需要制造特斯拉所说的"远程地面运动",以破坏令人不安的暴力扩散(从美国城市到中东)、经济不平等以及全球资源枯竭。但这种技术文化冲击波并不需要产生实际的地震。我们可以利用元集成的世界系统来想象和积极地改变我们的观念和社会系统。这是一个有无穷力量的强大想法。

参考文献和缩略语

我为准备这本书去了好几个档案馆,许多资料来源包含有其他馆藏,因而我从一个档案馆查阅的资料可能是从另一个档案馆获得的。另外我对一些名称的拼写作了统一标准处理,尤其是那些来自东欧的拼写,它们有多种变体。

以下是我在本书中使用的特斯拉资料的主要来源:

(FBI)联邦调查局档案,华盛顿特区。
https://vault.fbi.gov/nikola-tesla

尽管缺乏特斯拉的文件最终存放地点的信息,但这些从特斯拉1943年去世起以备忘录形式收集的文件已有几十年了,这是政府跟踪特斯拉的记录的主要来源,这些文件在特斯拉去世后被封存。我用到的文件是通过《信息自由法案》(FOIA)的请求获得的,不过,一些重要的备忘录被严重修改过。这是我遇到的唯一缺失关键信息的资料。

(GL)保罗·高尔文图书馆,伊利诺伊理工学院,芝加哥。
http://library.iit.edu/search?keys=World%27s+Columbian+Exposition
这是我收集1893年世界哥伦比亚博览会资料和图片的主要来源。

(HHC)参议员约翰·海因茨历史中心,匹兹堡。
http://www.heinzhistorycenter.org/collections/westinghouse
这个资料丰富的档案馆主要保存了西屋电气的资料,也收藏有哥伦比亚大学特斯拉档案管理员安德森保存的文本,以及特斯拉博物馆的文件副本。

(MI)尼古拉·特斯拉:《我的发明——以及尼古拉·特斯拉与雨果·根斯巴克的通信》(*My Inventions: With the Correspondence between Nikola Tesla and Hugo Gernsback*), edited by Hugo Gernsback and Vladimir Jelenkovic (Belgrade: Tesla Museum, 2006)。

这通常被称为特斯拉的"自传",尽管它是1919年以前的文章和信件的结集。特斯拉用自己的语言讲述了他1919年以前的生活和发明。虽然不尽完整,但这是特斯拉早年生活直到他发明"放大发射机"的记述,被广泛引用。

(ML)摩根图书馆&博物馆,纽约市。

http://www.themorgan.org/collection/archives

摩根图书馆收藏了J·P·摩根和他儿子的文件以及其他资料,这里是特斯拉与摩根书信系列的主要来源。

(SIP)英萨尔的文件,卡达希图书馆,芝加哥洛约拉大学。

http://www.luc.edu/media/lucedu/archives/pdfs/insull1.pdf

洛约拉大学保存了英萨尔的大部分文件。我通过爱迪生的档案也获得了一些爱迪生与英萨尔的资料,然而我在大量数字化的爱迪生资料中没能找到与特斯拉有关的单个文件。参见http://edison.rutgers.edu/。

(TFC)21世纪图书。

http://www.tfcbooks.com/tesla/contents.htm

这是有关特斯拉从1888年到1944年期间的著作和报刊文章的主要在线来源。

(TM)尼古拉·特斯拉博物馆,贝尔格莱德,塞尔维亚。

http://www.tesla-museum.org/meni_en/nt.php?link=arhiva/ a&opc=sub5

这个博物馆保存了世界上最全的有关特斯拉的文件、信函和物品。我通过受限制的远程计算机访问查看了文档副本。博物馆也提供特斯拉发明专利的完整清单和大部分文件的索引。

(TMP)特斯拉记忆项目:"尼古拉·特斯拉:建设和平努力"。

http://fim.rs/en/essential-nikola-tesla-peacebuilding-endeavor/

我做的简要观察以及所引用的语录,都来自由普罗蒂奇指导,联合国教科文组织和平中心和特斯利亚努姆能源创新中心撰写的文本。

(TU)特斯拉宇宙。

https://teslauniverse.com/nikola-tesla/timeline/ 1856-birth-nikola-tesla#goto-320

在我为这本书做研究的过程中,我经常使用这个关于特斯拉的资料综合网站——特别是有关特斯拉的生活和其他主要事项的完整时间表。

关于特斯拉的书籍

(CWF)《芝加哥1893年世界博览会》(*Chicago's 1893 World's Fair*),by Joseph DiCola and David Stone(Charleston, S. C.:Arcadia Publishing, 2012)。

芝加哥博览会图示和项目的小型指南。

(IRW)《尼古拉·特斯拉的发明、研究和写作》(*The Inventions, Researches, and Writings of Nikola Tesla*,New York: Fall River Press, 2012)。

这是有关特斯拉技术论文的一个相当全面的汇集,其中有他的简短传记和他在1893年世界博览会上展出的部分项目。

(MOP)《权力商人——塞缪尔·英萨尔、托马斯·爱迪生与现代大都市的创造》(*The Merchant of Power: Sam Insull, Thomas Edison and the Creation of the Modern Metropolis*), by John F. Wasik(New York:Palgrave Macmillan, 2006)。

对英萨尔生活和工作的探索把我引向了特斯拉,这也是我了解英萨尔与特斯拉的关系的主要来源。

(PG)《浪子天才——尼古拉·特斯拉的生活》(*Prodigal Genius: The Life of Nikola Tesla*), by John J. O'Neill(Kempton, Ill.:Adventures Unlimited, 2008/3rd edition)。

特斯拉的第一部传记,作者是一位报道过特斯拉的记者。

(TI)《特斯拉——电气时代的发明者》(*Tesla:Inventor of the Electrical Age*), by W. Bernard Carlson(Princeton:Princeton University Press, 2013)。

在这部最新的特斯拉传记中,卡尔森在科学技术史的背景下描述了特斯拉的工作。

(TML)《特斯拉——闪电的主人》(*Tesla:Master of Lightning*), by Margaret Cheney and Robert Uth(New York: Metrobooks, 1999)。

这是美国公共广播公司(PBS)优秀的同名系列的配套书(参见www.pbs.org/tesla/)。

(TMOT)《特斯拉——被埋没的天才》(*Tesla:Man Out of Time*), by Margaret Cheney(New York:Youchstone, 1981)。

虽然今天看有些过时,但这本书引用了当时的新研究成果,对特斯拉有很出色的描述。

(W)《巫师:尼古拉·特斯拉的生活与时代—— 一位天才的传记》(*Wizard:The Life and Times of Nikola Tesla:Biography of a Genius*), by Marc Seifer(New York:Kensington Publishing, 1998)。

这是特斯拉最详细的传记之一。

(WE)《特斯拉——电力奇才》(*Tesla:The Wizard of Electricity*), by David J. Kent(New York:Fall River Press, 2013)。

关于特斯拉的全面介绍,配有丰富插图的初级读物。

引用来源

请注意，我的核心叙述主要依据的是卡尔森(TI)、切尼(Cheney, TMOT)、奥尼尔(PG)和塞费尔(W)的传记著作。许多有关特斯拉本人的思考皆出自他的《我的发明》(MI)一书，该书最初是发表在1919年《电气实验者》上的文章，该杂志出版商是雨果·根斯巴克("雨果"科幻小说奖即以他的名字命名)。

引言

在我撰写《权力商人》(MOP)——英萨尔的传记时，我发现了他的原始信件从而引发我对本书的研究写作。这封来自英萨尔档案(SIP)的信件包含有关于特斯拉"远程动力学方法"的概述，日期是1935年3月18日，信是特斯拉在纽约客酒店写给英萨尔的，但我没有找到英萨尔对此信的回复。英萨尔于1938年去世。

也参见史密斯(Scott Smith)的文章《尼古拉·特斯拉用电网和无线网络变革了世界》(Nikola Tesla Revolutionized World with Grid, Wireless)，载2015年12月7日《投资者商业日报》(*Investor's Business Daily*)。

客迈拉出自希腊神话《柏勒罗丰和飞马》(Bellerophon and the Flying Horse)，载《厄斯本希腊神话》(*Usborne Greek Myths*, London: Usborne, 1999, pp. 54—57。这是一个很棒的寓言，喻指包含人性的不同方面并要适应变化。

第一章

巴伊奇拥有临床心理学博士学位，几十年来一直研究特斯拉。我于2015年9月4日在芝加哥访问了她。我引用了她在2013年费城特斯拉会议上的报告《尼古拉·特斯拉——无法停止发明的人》(Nikola Tesla: The Man Who Could not Stop Invention)中的内容，并通过随后的电子邮件更加明确了她所说的一些要点。

特斯拉对个人怪癖和反省意义的评论来自他的自传(MI)。除非另有引用，有关特斯拉自己的思考、回忆和观察都来自这本自传。

我对FBI在特斯拉去世之日介入情况的叙述，主要来源于特斯拉FBI文件(FBI)中的备忘录，最初是通过《信息自由法案》获得的。我也查阅了《纽约时报》1943年1月8日发的讣告(http://ethw.org/images/4/40/Tesla_-_obituaries_for_tesla.pdf)。

本书采用的关于特斯拉失踪文件的主要来源来自塞费尔，特别是他的论文《尼古拉·特斯拉——激光和粒子束武器的历史》("Nikola Tesla: The

History of Lasers and Particle Beam Weapons" in *Proceedings of the 1988 International Tesla Symposium*)以及他的出色传记《巫师——尼古拉·特斯拉的生活与时代》(W)。在我写这本书的最后两个月,我先后给他发了几封电子邮件,塞费尔博士均作了回复,明确回答了我的问题。

关于特斯拉最后的努力的图片和解释,我参考了切尼和乌特(Uth)合著的《特斯拉——闪电的主人》(TML)。这本书是美国公共广播公司优秀的同名系列的配套书,该网站有一个部分包含了优质资源系列,其中有一篇关于特斯拉失踪文件的文章(http://www.pbs.org/tesla/ll/ll_mispapers.html)。

在过去三年里,我多次访问了纽约客酒店,这是我了解特斯拉生命中的最后几年的信息来源。另外也见特斯拉的资料综合网站——特斯拉宇宙(TU)。

特斯拉的"死亡射线"和"远程动力学"概念在20世纪30年代中后期发表于几家纽约的报纸。21世纪图书公司(TFC)已经把这些文章的大部分上线。一篇描述粒子束武器的文章《苏联推动光束武器》(Soviets Push for Beam Weapon)出现在1977年5月2日的《航空周刊与空间技术》上。(http://www.larouchepub.com/eiw/public/1977/eirv04n19-19770510/eirv04n19-19770510_040-aviation_week_magazine_soviets_p.pdf)。

记者奥尼尔在其所著的《浪子天才》(PG)一书中记录了特斯拉最后的日子,这是特斯拉的第一本传记,作者曾报道过特斯拉。

第二章

题记引用自联合国教科文组织"特斯拉记忆项目"(TMP)。

2007年8月,我在巴塞罗那海事博物馆看到了列奥纳多·达·芬奇的笔记。我也参考了卡普拉的杰作《从列奥纳多那里学习——解读天才的笔记》(*Learning From Leonardo: Decoding the Notebooks of a Genius*, San Francisco: BK Books, 2013), p. 25;莱斯特(Toby Lester)的《达·芬奇的幽灵》(*Da Vinci's Ghost*, New York: Free Press, 2012);《列奥纳多·达·芬奇》(*Leonardo Da Vinci*, Cobham, UK: TAJ Books, 2004);布卢姆的佳作《莎士比亚——人类的发明》(*Shakespeare: The Invention of the Human*, New York: Penguin, 1998), p. 666。

特斯拉的自传(MI)是有关他本人对好奇心和观察力的评论的来源,也涉及开尔文对特斯拉研究工作的影响。

来自富兰克林电学实验的引述载《本杰明·富兰克林先生在美国费城的实验与观察》(*Experiments and Observations Made at Philadelphia in America* by Mr. Benjamin Franklin, Ecco Press, 1751)一书。另一部值得推荐的了解富兰克林的指南是艾萨克森撰写的《本杰明·富兰克林——一位美国人的生活》(*Benjamin Franklin: An American Life*, New York: Simon & Schuster, 2003)。

有关法拉第的背景资料来自1952年芝加哥大学出版的"伟大的书籍"系列(Great Books series)第45卷。

《弗兰肯斯坦》的故事起源在斯托特(Andrew McConnell Stott)撰写的《诗人、医生和现代吸血鬼的诞生》(The Poet, the Physician and the Birth of the Modern Vampire)一文中有描述(http://publicdomainreview. org/2014/10/16/the-poet-the-physician-and-the-birthof-the-modern-vampire/)。

第三章

题记是我写的诗,诗名为《加重的病痛》(The Rising Sickness)。

特斯拉最早的经历以他自己的语言记述于《我的发明》(MI)中。其中包括了他对视觉"痛苦"以及它转变为智力资产的很多思考。

本书第58页所引特斯拉对"心灵之旅"的描述在卡尔森的《特斯拉——电气时代的发明者》(TI)中也被引用。另外我也参考了切尼的《特斯拉——被埋没的天才》(TMOT)和塞费尔的《巫师:尼古拉·特斯拉的生活与时代——一位天才的传记》(W)。

巴伊奇的评论来自我2015年9月4日在芝加哥对她的访谈。我也引用了她2013年在费城特斯拉会议上的报告《尼古拉·特斯拉——无法停止发明的人》中的研究,并通过随后的电子邮件更加明确了她所说的一些要点。

盖兰(John Geirland)在1996年9月1日《连线》(Wired)杂志上撰文《追逐心流》(Go With the Flow),颇有说服力地介绍了"心流"背后的概念(http://www.wired.com/1996/09/czik/)。奇克森特米哈伊所著《心流——最佳体验心理学》(Flow: The Psychology of Optimal Experience, New York: Harper Perennial, 1990)是一部颇有影响的关于创造力研究的著作。我参考了该书的第74—77页,第208—213页,第214—221页。

另一部提到特斯拉感官能力的有用的(虽然更偏于学术研究)著作是《创造力神经科学》(The Neuroscience of Creativity, Cambridge, Mass.: MIT Press, 2013, edited by Oshin Vartanian, Adam Bristol, and James Kaufman, p. 180)。

我的《浮士德》引文来自1967年歌德《浮士德》的现代图书馆版(Modern Library edition),基于1870年版(p. 38)。卡尔森引用《浮士德》诗句并作分析的段落见他的《特斯拉——电气时代的发明者》(TI, pp. 53—54)。

关于特斯拉电机和磁场的工作原理,我通过在线阅读《感应电机是如何工作的》(How does an induction motor work),获得了一个简明易懂、几乎不涉及技术的解释,见http://www.learnengineering.org/2013/08/Three-phase-induction-motor-working-squirrel-cage.html。

第四章

题记引用的柯尔语录来自联合国教科文组织"特斯拉记忆项目"(TMP)。

特斯拉关于他年轻时的旅行、对个人成功的强烈追求以及他与西屋电气的合作所作的第一人称描述都来自他的《我的发明》(MI)一书,尽管许多传记作家认为特斯拉的语气有点儿夸张。谈及特斯拉早年的经历,我对塞费尔的著作(W)和卡尔森的著作(TI)多有引用。

关于爱迪生/珍珠街的部分,我参考了琼斯(Jill Jonnes)的《光电帝国——爱迪生、特斯拉、威斯汀豪斯及世界电力之争》(Empires of Light: Edison, Tesla, Westinghouse and the Race to Electrify the World, New York: Random House, 2003);戴维斯(L. J. Davis)的《瞬时之火——托马斯·爱迪生和电气革命的先驱》(Fleet Fire: Thomas Edison and The Pioneers of the Electric Revolution, New York: Arcade, 2003);鲍德温(Neil Baldwin)的优秀传记《爱迪生——创造世纪》(Edison: Inventing the Century, New York: Hyperion, 1995)。

我也通过我的《权力商人》(MOP)和《塞缪尔·英萨尔回忆录——自传》(The Memoirs of

Samuel Insull: An Autobiography, Polo, Ill.: Transportation Trails, 1992），从英萨尔的视角得出了另一种关于爱迪生的观点。麦克唐纳(Forrest McDonald)的《英萨尔》(Insull, Chicago: University of Chicago Press, 1962)，也对我理解英萨尔和爱迪生起了重要作用。

虽然在曼哈顿下城只有一块牌匾标明了珍珠街发电站曾经的所在地，但在"珍珠街发电站"网站(http://ethw.org/Pearl_Street_Station)可以看到一些背景介绍。2016年1月12日《纽约时报》以《描述电灯，甚至早于爱迪生》(Describing Electric Light, Even Before Edison)为题，回顾了该报对爱迪生和白炽灯发展的报道。

有关19世纪80年代最好的描述，可参见切尼、塞费尔和卡尔森的著作。

更多关于特斯拉的具体技术的论文及其知名讲座的信息，参见特斯拉的《尼古拉·特斯拉的发明、研究和写作》(IRW)。

拉奥(Venkatesh Rao)发表于2015年10月15日《大西洋月刊》(The Atlantic)的文章《为什么解决气候变化就像战争动员一样》(Why Solving Climate Change Will Be Like Mobilizing for War)描述了位于落基山脉的交流发电厂。虽然这篇文章是谈论气候变化的，但作者将应对全球变暖的技术探索与19世纪90年代的"电流之战"作了比较。

肯特的引用来自《特斯拉——电力奇才》(WE, p. 201)。

关于遗失的爱迪生奖章的信息见斯威齐(特斯拉生命中最后20年的朋友)1955年6月25日写给埃德加·胡佛的信。特斯拉去世十多年后，FBI开始调查斯威齐，试图找到特斯拉1943年去世时房间里所有的东西。特斯拉去世那天，斯威齐就在房间里。

关于"特斯拉式的行为"(TeslAction)，我参考了格拉德威尔的《异类——成功启示录》(Outliers: The Story of Success, New York: Little, Brown and Co., 2008)。

第五章

以我的诗句引出本章，诗的题目是"鼓起的力线包"(Bulging Lines of Force)。

关于特斯拉和西屋电气参与博览会和电流之战的一些引人注目的描述见《瞬时之火》和《光电帝国》。想要深入了解博览会和芝加哥的氛围，可以看看拉森(Erik Larson)的《白城恶魔》(The Devil in the White City, New York: Random House, 2003)，尽管书中提到特斯拉只有一次。

在伊利诺伊理工学院的保罗·高尔文图书馆(GL)存有芝加哥博览会的绝大多数文件和图片。我在那里也发现了大量来自当代的资料，如班克罗夫特(Hubert Howe Bancroft)的《博览会之书》(The Book of the Fair, 1893)。此外，迪科拉(DiCola)和斯通(Stone)的《芝加哥1893年世界博览会》(CWF)是一个很好的背景资料来源。

为了了解西屋电气及其财务困境，我参考了斯克拉比克(Quentin Skrabec)的《乔治·威斯汀豪斯——温和的天才》(George Westinghouse: Gentle Genius, New York: Algora, 2007)和海因茨历史中心(Heinz Center, HHC)的西屋电气档案，其中有特斯拉与西屋电气的所有通信以及马克·吐温写给特斯拉的一些信件。罗伯特·安德伍德·约翰逊的回忆录《记得昨天》(Remembered Yesterdays, New York: Little, Brown, 1923)也讲述了他与特斯拉(及马克·吐温)在那段时间的经历。那段时期西屋电气的艰辛可参见《瞬时之火》和《光电帝国》。我在《权力商人》(MOP)中有关于摩根-通用电气合并的细致描述。麦克唐纳在他的《英萨尔》中对此也有精彩描述。

其他关于芝加哥博览会、亨利·亚当斯的评论和H·G·威尔斯的引述的描述，可见布罗克斯(Jane Brox)的《辉煌——人造光的演化》(Brilliant: The Evolution of Artificial Light, New York:

Houghton Mifflin, 2010, pp. 150—152)。

塞缪尔·克莱门斯(其笔名马克·吐温更广为人知)与灯泡的照片(见本书第116页)摄于1894年3月3日,当时他的财务困境达到了极点。你可以从梅尔策(Milton Meltzer)的《马克·吐温本人》(Mark Twain Himself, New York: Bonanza, 1960)和鲍尔(Ron Power)的《马克·吐温——一生》(Mark Twain: A Life, New York: Simon & Schuster, 2005)中看到马克·吐温对自己在各种发明上的投资亏损感到沮丧的画面。

尽管特斯拉是否在博览会上遇到了辨喜还有一些疑问,但他确实受到了这位大师的影响,辨喜在博览会上发表了演讲,并在那段时间在美国各地演讲。参见纽约特斯拉纪念协会网站http://www.teslasociety.com/tesla_and_swami.htm 和 http://vivekananda.org/。许多研究都致力于探讨印度文学在多大程度上促进了我们对宇宙中的和我们自己身体中的能量的认识。

有关特斯拉的引文来自他的自传(MI),他回忆了童年时对尼亚加拉的憧憬以及对马克·吐温小说的热爱,但他的"末日来临"的宣言来自1896年3月19日的《世界周日电讯》(World Sunday Telegram)。

第六章

题记来自联合国教科文组织"特斯拉记忆项目"(TMP)。

在多卷本《马克·吐温自传》(The Autobiography of Mark Twain, Los Angeles: University of California Press, 2010)中,我只能找到一处提到特斯拉与马克·吐温的友谊:第一卷第495页关于交流电机的注释。这是本书第126页马克·吐温引文的来源。

特斯拉在科罗拉多州斯普林斯的经历来自他的《尼古拉·特斯拉——科罗拉多州斯普林斯笔记(1899—1900)》(Nikola Tesla: Colorado Springs Notes 1899—1900, New York: BN Publishing, 2007)。除非你是一名电气工程师或精通高频电气实验的人,否则很难懂这些内容。所有的引用都出自特斯拉的日记。关于特斯拉当时的活动更易理解的描述见1904年3月5日《电气世界与工程师》(Electrical World and Engineer)上的文章《没有电线的电能传输》(The Transmission of Electric Energy Without Wires)。塞费尔和切尼的著作有更好的描述,我也作了参考。

关于沃登克里弗塔,我发现档案管理员安德森的《来自特斯拉关于沃登克里弗塔的珍贵笔记》(Rare Notes from Tesla on Wardenclyffe)(http://www.tuks.nl/wiki/index.php/Main/TeslaRareNotesOn Wardenclyffe)很有帮助,里面有关于特斯拉在那里建什么的技术细节。也可参见乔·西科尔斯基(Joe Sikorski)制作的优秀纪录片《用于人的塔——特斯拉在沃登克里弗的梦想在继续》(Tower for the People: Tesla's Dream at Wardenclyffe Continues)(http://www.imdb.com/title/tt3685200/)。关于沃登克里弗塔背后的故事,我几次见到乔,并做了采访。沃登克里弗塔网站上的特斯拉科学中心(http://www.teslasciencecenter.org/stanford-white/)是我最先获得怀特和长岛综合设施信息的来源之一。

我参考的另一篇重要文章是特斯拉写的《调谐闪电》(Tuned Lightning),发表在1907年3月8日的《英国机械与科学世界》(English Mechanic and World of Science)上。特斯拉在文中提到了"无线电话",并介绍了"驻波"和地球的"共振振动"概念,这是远程动力学的两个关键概念。特斯拉早期的一篇文章《没有电线的电能传输》提到了他在科罗拉多州斯普林斯的实验,发表在1904年3月5日的《电气世界与工程师》上。

摩根图书馆(ML)收藏了特斯拉的著名作品,包括1915年9月9日《制造商记录》上的《电力创造的奇迹世界》(The Wonder World to Be Created by Electricity)一文,其中特斯拉较早提到了"电子枪"和其他的创新。1904年写给威斯汀豪斯的关于电动汽车的信存于西屋电气档案(HHC)。

有关特斯拉提出的人类总能量模型方程式的信息来自他的文章《增强人类能量的问题》,发表在1900年6月出版的《世纪杂志》上。来自特斯拉自传(MI)的引文也提出了他的一些更崇高的愿景。

在相对论和现代物理学方面,很少有作家和教育家能比得上哥伦比亚大学教授格林(Brian Greene)。我查阅了他在《史密森尼杂志》(Smithsonian Magazine)上发表的文章《引力的缪斯》(Gravity's Muse,2015年10月),以了解相对论知识。通常,格林(我们可以在电视和印刷品中经常看见他)的任何演讲和写作都会让你对当代物理学思想有一个大致了解。我也看了格林2015年5月5日在芝加哥的恩韦斯奈特(Evestnet)会议上的演讲,这是我听过的最好的物理讲座之一。奥弗比(Dennis Overbye)在2015年11月24日《纽约时报》上发表的见解深刻的《寻找相对论》(Finding Relativity)对我也很有帮助。

第七章

题记来自联合国教科文组织"特斯拉记忆项目"(TMP)。

拉森在他的《雷击》(Thunderstruck,New York:Random House,2006)一书中详细讲述了特斯拉与马可尼的故事。

特斯拉的信件和多次向摩根集团恳求资金的记录都在我从摩根图书馆(ML)获得的信件系列中。我还获得了J·P·摩根和他儿子"杰克"在1913年年中至1916年期间的一系列信件。

有关特斯拉与死亡擦身而过、精神崩溃,以及恢复和继续工作的强烈决心的第一人称描述都来自他的自传。

我依据塞费尔对沃登克里弗岁月的描述,讲述了特斯拉在长岛的那段经历。

就本章的"特斯拉式的行为",我在2016年2月9日《纽约时报》所载阿施万登(Christie Aschwanden)写的《创造性的祝福》(The Blessed Mess of Creativity)一文中,找到了一些关于创造性的引人注目的词句。

第八章

题记来自联合国教科文组织"特斯拉记忆项目"(TMP)。

我对菲斯克的涡轮发电机启动和英萨尔的经历的描述来自《权力商人》(MOP)、麦克唐纳的《英萨尔》和英萨尔的《回忆录》。

我依据切尼和塞费尔的著作做了有关后沃登克里弗的叙述。我也查阅了特斯拉在密歇根州的那段时间的记录。

虽然我不知道罗森沃尔德是否见过特斯拉,但他可能知道特斯拉在芝加哥世博会上的演示。我从阿斯科利(Peter Ascoli)的传记《朱利叶斯·罗森沃尔德》(Julius Rosenwald,Bloomington:Indiana University Press,2006)中获知这位慈善家的背景。

为了解物理学家迈克耳孙的信息,我查阅了这本简短的传记:http://www.lib.uchicago.edu/projects/centcat/centcats/fac/facch07_01.html。在诺贝尔网站上也有他的背景资料:http://www.nobelprize.org/nobel_prizes/physics/laureates/1907/michelson-bio.html。

关于芝加哥大学历史的更多信息,我查阅了博耶(John Boyer)的《芝加哥大学——历史》

（*The University of Chicago: A History*, Chicago：University of Chicago Press，2015）。2015年底，我在海德公园校区听过好几次博耶教授关于该校历史的讲座。

我参考了KDKA的简史：http://ethw.org/KDKA,_First_Commercial_Radio_Station。

特斯拉给摩根和西屋公司的最后的信件存于西屋电气档案（HHC）和摩根图书馆（ML）档案。

这是爱迪生关于潘恩的文章的原始链接：http://learning.hccs.edu/faculty/jennifer.vacca/engl2327/author-presentations/the-philosophy-of-thomas-paine-by-thomas-edison-american-inventor-1925。

诺兰2006年执导的电影《致命魔术》（http://www.imdb.com/title/tt0482571/?ref_=nv_sr_1）是大卫·鲍伊饰演特斯拉的必看之作。电影根据普里斯特的同名小说（New York：Tor，1995）改编。

更多关于大卫·鲍伊的信息可参见2016年1月11日《纽约时报》所载摇滚评论家帕雷莱斯（Jon Pareles）的文章（http://www.nytimes.com/2016/01/12/arts/music/david-bowie-dies-at-69.html?smtyp=cur&_r=0），以及伍利亚米（Elsa Vulliamy）发表于英国《独立报》（*The Independent*）的文章《你不知道的关于大卫·鲍伊的12件事》（12 Things You Didn't Know About David Bowie），日期也是2016年1月11日。2014年12月29日，我在芝加哥当代艺术博物馆观看了广受关注的"大卫·鲍伊回顾展"（David Bowie Is）。想要了解更多关于这个令人难以置信的展览的信息，请参考布洛克斯（Victoria Broackes）的同名书（Lodon：Victoria & Albert Museum，2013）。多格特（Peter Doggett）的《出售世界的人》（*The Man Who Sold The World*，New York：Harper Collins，2012）一书中有鲍伊早期作品的简介和解读。

特斯拉20世纪30年代的威斯汀豪斯信件来自西屋电气档案（HHC），尽管它们看来是从特斯拉博物馆复制的。

有关家用电器销售的数据以及对那个时代的描述，均来自戴维·奈的《电气化美国——一种新技术的社会意义（1880—1940）》（*Electrifying America: Social Meanings of a New Technology, 1880—1940*，Cambrideg, Mass.：MIT Press，1990，pp. 264—267）。

有关特斯拉飞行机器的详细资料见特林考斯（George Trinkaus）的《特斯拉——失落的发明》（*Tesla: The Lost Inventions*，Portland, OR: High Voltage Press，1988），该书也介绍了特斯拉的无叶片涡轮机、线圈和放大发射机。

特斯拉在20世纪30年代的主要信件和文章可参见："Tesla on Marconi's Feat," *New York World*, April 13, 1930; "Tesla Cosmic Ray Motor May Transmit Power 'Round the Earth," by John O'Neill, *Brooklyn Eagle*, July 10, 1932; "Man's Greatest Achievement," *New York American*, July 7, 1930; "Our Future Motive Power," *Everyday Science and Mechanics*, Dec. 1931; "Tesla, Sure Life Exists on Other Planets, Works On at 76 to Establish His Belief," by William Engle, *New York World-Telegram*, July 9, 1932; "His Greatest Achievement," *New York Times*, July 11, 1935; "Nikola Tesla, At 79, Uses Earth to Transmit Signals, Expects to Have $100 Million Within Two Years," by Earl Sparling, *New York World-Telegram*, July 11, 1935; and "A Machine to End War," *Liberty* (as told to George Viereck), Feb. 1937。

我也大量参考了瓦隆（Thomas Valone）的《掌控大自然的轮转——特斯拉的能源科学》（*Harnessing the Wheelwork of Nature: Tesla's Science of Energy*，Kempton, Ill：Adventures Unlimited Press），该书详细研究了特斯拉的技术。

所有特斯拉/英萨尔的信件都来自特斯拉博物馆(TM)，我是在2016年2月18日在线文档查阅中发现的。

对英萨尔给予特斯拉的资助以及1930年平均工资所作的通胀调整后的估算来自美国劳工统计局(http://www.bls.gov/data/inflation_calculator.htm; http://www.bls.gov/opub/uscs/1934-36.pdf; http://www.simplyhired.com/salaries-k-1930-jobs.html)。

特斯拉的"死亡射线"声明由奥尼尔亲自报道，并收录在他的《浪子天才》一书中，该书是第一部特斯拉传记。

第九章

题记来自联合国教科文组织"特斯拉记忆项目"(TMP)。

多年来，特博多次提供了他与舅公特斯拉会面的情况描述。我在2015年2月24日、11月12日和11月19日先后采访了他。特博发给了我他写的关于特斯拉的后记，题目是"奢侈的天才——温和的舅公"(Extravagant Genius—Tender Uncle)，其中也讲述了这次会面的情况。特博详细审查了本书的几个部分，并以手写笔记和电子邮件给出了更正意见。

关于特斯拉生命中的最后几天，尤其是他与彼得二世国王的会面，切尼做了很好的记录。国王的访问记录也收存在纽约客酒店的档案中，酒店打印有特斯拉在这里生活的摘要，并在其下层(靠近商业中心)保留了一个"小型博物馆"。我也收集了2013年1月6日在纽约客酒店举行的特斯拉会议的材料，会上我听了英曼、金尼和奥尔康的发言，也做了有关的引用。

特斯拉20世纪30年代末和40年代初的信件和电报，在西屋电气的档案(HHC)中被发现，其中包括他关于养鸡的信件(1941年5月22日)。1941年发给科萨诺维奇的电报是在《尼古拉·特斯拉——与亲属的通信》(Nikola Tesla: Correspondence With Relatives, New York: Tesla Memorial Society, 1995)中发现的，经贝尔格莱德特斯拉博物馆许可，由科萨诺维奇翻译。这些藏品(包括特斯拉和特博的父亲尼古拉斯之间的信件)记录了这位发明家从20世纪20年代末到生命结束时的资金问题。

卡洛(Simon Callow)的《奥森·威尔斯——通往世外桃源之路》(Orson Wells: The Road to Xanadu, New York: Viking, 1995)考查了奥森·威尔斯的一生。另参见http://www.history.com/this-day-in-history/welles-scares-nation。

我在库珀(Dan Cooper)的《恩里科·费米与现代物理学革命》(Enrico Fermi and the Revolutions of Modern Physics, New York: Oxford University Press, 1999)中找到了爱因斯坦写给罗斯福的信，该书也提供了在芝加哥大学进行的第一次持续核反应的背景资料。更多有关该大学校史的信息，可访问http://www.uchicago.edu/about/history/。

2011年8月9日，我参加了在芝加哥海军码头举办的特斯拉展览，并采访了耶伦科维奇。

我根据《信息自由法案》向美国国防高级研究计划局(DARPA，该机构是美国国防部的一个"组成部分")提出的最后的申请之一，与特斯拉相关的"没有记录"(2012年2月16日)。

我收到的国家档案和记录管理局(NARA)的信写于2012年6月6日。

修改最为严重的FBI备忘录(日期为1951年1月20日)提到了斯帕内尔、科萨诺维奇和"军事情报上校厄斯金(Erskine)"(未说具体部门)。它被送到胡佛的副手托尔森那里。我在FBI的文件中没有看到托尔森的具体答复，也没有看到其他相关方面的明确信件。

我很大程度上采用了塞费尔的《巫师——尼古拉·特斯拉的生活与时代》和他发表的博士论文《尼古拉·特斯拉——被遗忘的发明家的心理史》，第1、2卷》(Nikola Tesla: Psychohistory of a Forgotten Inventor, Volumes Ⅰ & Ⅱ, Ann Arbor, Mich: UMI, 1987)中的叙述。塞费尔对特斯拉及其精神心理和著述分析做了大量研究,其著述无论是数量还是质量,我都无法企及。

我从FBI的文件中收到的最荒谬的文件是1947年6月7日的备忘录。它遭到严重修改,除了"芝加哥"及一些代词和动词外,页面几乎全被涂黑了。

关于美国海军新式激光武器的消息见《海军亮出未来之炮》(Navy Brings Out Futuristic Guns)一文,作者夏普(David Sharp),载2014年2月2日《普罗维登斯杂志》(Providence Journal)。

"特斯拉式的行为"谈及特斯拉的孤独感,这是受到了卡乔波教授演讲的启发。2015年10月29日,作为芝加哥大学哈珀讲座系列的一部分,卡乔波教授在芝加哥威特酒店发表演讲。我也参考了他与帕特里克(William Patrick)合著的《孤独——人性与社会联系的需要》(Lonely: Human Nature and the Need for Social Connection, New York: Norton, 2008)。

第十章

题记来自联合国教科文组织"特斯拉记忆项目"(TMP)。

我在费城的所有采访是在2015年7月10日到11日,由特斯拉科学基金会主办的特斯拉人民大会上完成的。会议在独立广场和里滕豪斯广场的费城道德协会举行(http://teslascience-foundation.com/)。隆查尔通过电子邮件提供了背景资料。

2011年特斯拉会议由位于沃登克里弗的特斯拉科学中心主办,2011年11月5日在纽约里弗黑德的希尔顿花园酒店举行(http://www.teslasciencecenter.org/2011/10/tesla-conference-2011-at-hilton-garden-inn-riverhead/)。我下午发言,并在当天和随后的电子邮件中采访了奥尔康。

我对埃隆·马斯克的讨论主要依据的是万斯(Ashlee Vance)的出色传记《埃隆·马斯克——特斯拉,SpaceX和探索梦幻的未来》(Elon Musk: Tesla, SpaceX and the Quest for a Fantastic Future, New York: Harper Collins, 2015)。贝尔(Drake Baer)的文章《制造特斯拉——发明、背叛和跑车的诞生》(The Making of Tesla: Invention, Betrayal and the Birth of the Roadster),载2014年11月11日《商业内幕》(Business Insider)(http://www.businessinsider.com/telsa-the-origin-story-2014-10),也对马斯克和特斯拉汽车的发明者提出了某些见解。另外我也参考了特斯拉汽车及其动力墙系统的博客和其他背景资料,见https://www.teslamotors.com/。

更多有关创建火箭推进新方法的信息,参见NASA的文件《推进用不对称电容器》(Asymmetrical Capacitors for Propulsion, NASA CR-2004-213312)和瓦奥莱特(Paul La Violette)的《反重力推进的秘密——特斯拉,UFO和航空航天技术》(Secrets of Antigravity Propulsion: Tesla, UFOs and Classified Aerospace Technology, Rochester, Vt.: Bear & Company, 2008)。我不能保证这本书的技术真实性,但研究这个主题不妨以之为开端。

关于特斯拉的更多不寻常想法的引文可参见特斯拉的自传(MI)。

虽然拉里·佩奇很少与媒体接触,但他在谷歌/字母表公司的角色在奥莱塔(Ken Auletta)的《谷歌——我们所知道的世界末日》(Googled: The End of the World As We Know It, New York: Penguin, 2009)和卡尔森发表于2014年4月24日《商业内幕》上的佳作《拉里·佩奇东山再起的不为人知的故事》(The Unknown Story of Larry Page's Comeback)(http://www.businessinsider.com/larry-page-the-untold-story-2014-4)中有描述。

查德-孟·谭(Chade-Meng Tan)的《尺度同情——谷歌员工107号的故事》(Scaling Compassion: The Story of Google Employee #107》,这是由克里斯坦森(Karen Christensen)所作的访谈,载《罗特曼管理杂志》(*Rotman Management Magazine*, Winter 2016, pp. 43—47),也很有帮助。

2015年9月15日,我在芝加哥第四长老会教堂看了艾萨克森在芝加哥人文节上的演讲,浓缩吸收了他的主要观点。我也参考了他的著作《创新者——一群黑客、天才和极客如何创造了数字革命》(New York:Simon & Schuster, 2014)。

由世界经济论坛创始人施瓦布(Klaus Schwab)倡导的"第四次工业革命"是技术和生命科学多种趋势的元集成(http://www.weforum.org/pages/the-fourth-industrial-revolution-by-klaus-schwab)。

一些未来学家,如里夫金声称我们仍处于"第三次"工业革命。参见他的《第三次工业革命——新经济模式如何改变世界》(*The Third Industrial Revolution: How Lateral Power Is Transforming Energy, the Economy and the World*, New York:Palgrave, 2011)。我不想在这里概括他的言论,但里夫金断言,互联网和其他技术正在使能源变得更便宜。施瓦布和里夫金的书都值得一读,尽管他们在术语上有所不同。

有关无线巴士,参见《韩国首次测试"无线道路"》(South Korea Tests First 'Wireless Road')(http://america.aljazeera.com/articles/2013/8/12/south-korea-developsworldsfirstelectricroad.html)。

2015年10月8日,我最后一次访问纽约市时,看到多克托罗夫在曼哈顿中城纽约城市大学校园举行的美国商业编辑与作家协会(Society for American Business Editors and Writers, SABEW)秋季会议上发言。同一天,我参观了特斯拉在纽约客酒店住过的房间。

2015年10月15日,芝加哥大学教授埃普利在芝加哥大学格里彻中心演讲。我也参考了他的书《心灵智慧——我们如何理解别人的想法、信仰、感觉和行为》(*Mindwise: How We Understand What Others Think, Believe, Feel and Do*, New York:Knopf, 2014)。

关于基于空间的太阳能,我参加了2010年5月27日在芝加哥举办的一个会议。会议题为"阿波罗40年后——回到未来"(Four Decades After Apollo:Getting Back to the Future),由国家空间学会主办。

微电网安装在伊利诺伊理工学院位于芝加哥南边的高尔文电力创新中心,就在科米斯基公园对面。参见http://www.iitmicrogrid.net/。

有关库兹韦尔的"奇点"的更多信息,参见http://www.singularity.com/。

2014年,我在伊利诺伊州迪尔菲尔德的共同点(Common Ground)研究中心见到了黄忠良。我引用了他的书《量子汤——危机中的幸运饼干》(*Quantum Soup: Fortune Cookies in Crisis*, London:Singing Dragon, 2011)。

结语

霍金的言论见《霍金——人类面临致命的"自我目标"风险》(Hawking:Humans at Risk of Lethal 'Own Goal'), BBC.com, 2016年1月19日。

你可以在www.vatican.org上找到通谕《赞美你》。即使你不是天主教徒,也值得一读。

世界经济论坛是许多趋势(包括失业和机器人)预判的主要来源。可在http://www3.weforum.org/docs/WEF_GAC15_Technological_Tipping_Points_report_2015.pdf.查看该论坛的"深度转移"(Deep Shift)报告。世界经济论坛也是席勒引文的来源。

要了解机器人和战争,可参阅辛格(P. W. Singer)的《连线战争》(*Wired for War*, New York:

Penguin,2009）。尽管书中的数字已经过时，但它提供了机器人在战场应用中已经发展到何种程度的历史。

在无线能源方面，可查看俄罗斯的 globalenergytransmission.com 项目，该项目希望实现特斯拉传送无线电力的梦想。

2015年底，我多次采访了扎德雷杰，并与他互通邮件。也可以看他在"被动房屋"上的文章（http://www.homepower.com/articles/home-efficiency/design-construction/american-passive-home）以及他关于LED照明系统的TED演讲（https://www.youtube.com/watch?v=XR2Ihxu7HJ4）。

虽然你可以将大量精力投入创客运动及创客博览会，但有一个很好的资源是 http://maker-faire.com/maker-movement/。

2016年2月1日，克鲁格曼在《纽约时报》专栏"风、太阳和火"（Wind, Sun and Fire）中讨论了气候变化的政治和经济（http://www.nytimes com/2016/02/01/opinion/wind-sun-and-fire.html?_r=0）。

参见里夫金对世界经济论坛的"第四次工业革命"平台的反驳 http://www.huffingtonpost.com/jeremy-rifkin/the-2016-world-economic-f_b_8975326.html。

弗洛伊德的引言来自斯特雷奇（James Strachey）译《文明及其不满》（*Civilization and Its Discontents*, New York: W. W. Norton, 1962, p. 49）。

致谢

如果没有世界各地人们的慷慨帮助，这本书是不可能完成的。有那么多人在许多方面帮助了我——如果我因为某些疏忽没有提到你，祈望谅解。我不会忘记你的帮助。

特斯拉的甥孙特博付出了他的很多时间并提供了大量的档案资料。沃登克里弗特斯拉科学中心的奥尔康难得地带领我了解了当前重建长岛的特斯拉实验室的工作(http://www.teslasciencecenter.org/)。此外，长岛的电影制作人西科尔斯基(Joseph Sikorski)和卡洛米诺(Michael Calomino)不知疲倦地在拍摄关于特斯拉的影片《奥林匹斯片段》(Fragments from Olympus)以及他们出色的纪录片《人民之塔》(Tower to the People)，让大众对这位发明家有了深入了解。在纽约温德姆酒店，感谢总工程师金尼，他是当地的特斯拉档案管理员和优秀的导游。

费城的特斯拉发明家俱乐部/科学基金会的创始人兼总裁隆查尔，还有梅森、库马尔、武伊奇(David Vuich)、施瓦比克(Marina Schwabic)、兹韦兹达娜·斯托扬诺维奇·斯科特(Zvezdana Stojanovic Scott)、雷德费恩、伊顿(Tim Eaton)、耶格(James Jaeger)、耶泽和米尔科维奇，都给予我很大帮助。

在芝加哥，我要感谢芝加哥特斯拉俱乐部的重要人物巴伊奇博士，以及塞尔维亚语美国圣萨瓦博物馆，尤其是诺贝尔(Vesna Noble)和帕夫洛维奇(Zivojin Pavlovic)博士(http://www.serbianamericanmuseum.org/contact-us/)。

写作本书的想法源自芝加哥洛约拉大学所藏英萨尔文件中的一封信。十多年前,最初与我合作的档案管理员是凯西·扬(Kathy Young)。

我得到了匹兹堡参议员约翰·海因茨历史中心的图书馆员和档案管理员的慷慨帮助,特别是图书馆的卡尔利·洛(Carly Lough)和辛普森(Liz Simpson)两位。

我在贝尔格莱德特斯拉博物馆的许多朋友耐心帮助引导我在几个月时间里阅读了数千页的文件。衷心感谢约万诺维奇(Branimir Jovanovic)、耶伦科维奇、阿季奇(Radmila Adzic)、齐里奇(Ivana Ciric)和凯斯勒(Milica Kesler)。耶伦科维奇先生非常慷慨,不仅惠允我采访的机会,而且还给我提供了特斯拉的发明专利副本、他的自传和其他几篇特斯拉的著述。

特斯拉生平的编年史家没有一个是孤立的。我感谢塞费尔、切尼、卡尔森、肯特和奥尼尔已经完成的出色工作,他们为我们了解特斯拉奠定了基础。

对格雷斯莱克地区公共图书馆(伊利诺伊州格雷斯莱克)的许多图书管理员,我要特别表达由衷的谢意。多年来,他们一直在我的朋友托马斯(Roberta Thomas)的带领下,容忍着我许多模糊的要求,该馆是热情提供免费知识的殿堂。

我的文学经纪人艾伦(Marilyn Allen)和前经纪人谢泼德(Robert Shepard)帮助我把这本书推向了世界,感谢他们的指导、坚持和耐心。说到耐心,我很感激斯特林出版社的编辑马登(Melanie Madden)和她的许多同事,以及22媒体工厂(22Media Works)的罗森布拉特(Lary Rosenblatt)、利布(Laurie Lieb)和巴尼特(Alan Barnett)的亲切关怀、勤奋和熟练的制作,他们不厌倦地工作成就了此书。

当然,从澳大利亚到欧洲所有的特斯拉组织和支持者都是本书的一部分。虽然我难以单独提及或引用你们的工作,但我满怀谢意。

最后，我要感谢我的妻子凯瑟琳、女儿萨拉（Sarah）和朱莉娅（Julia），还有我所有的朋友和邻居，他们都在想我是否会完成这本书，我爱你们！

图片来源

akg-images
ⓒ TT News Agency/SVT: 26

Alamy
ⓒ The Advertising Archives: 201; ⓒ Everett Collection Inc: 205; ⓒ Glasshouse Images: 199; ⓒ Dennis Hallinan: 37; ⓒ Len Holsborg: 221; ⓒMary Evans Picture Library: 48; ⓒ North Wind Picture Archives: 86; ⓒ World History Archive: 146

Art Resource, NY
The Morgan Library & Museum: 172

Courtesy Dover Publications
38

Galvin Center for Electricity Innovation
232

Getty Images
ⓒ New York Daily News: 181; ⓒ Chris Walter: 178

Heinz History Center
112 上

IEEE History Center
Images courtesy ethw.org/Archives:Papers_of_Nikola_Tesla: 156—157, 197

Courtesy Joe Kinney/New Yorker Hotel
13, 17, 191, 194, 219

Library of Congress
9, 16, 29 下, 42, 82—83, 93, 103, 106—107, 108, 115,150

NASA
2

National Archives
180

old-photographs.com
163

Private Collection
6, 7, 18, 20, 25, 56, 67上, 78, 90, 92, 94, 99, 102, 113, 116, 118左, 128, 131, 132, 133, 143, 148, 151, 168, 169, 170, 174, 175, 183, 184, 189, 206, 213

Shutterstock
© Hadrian: 225; © Asif Islam: 8, 228; © trekandshoot: 215

Smithsonian
National Museum of American History: 81, 118右, 123, 130

The Tesla Collection
147

Tesla Wardenclyffe Project
29上, 104, 135

US Patent and Trademark Office
39, 68, 137

Wellcome Library, London
45, 73

Courtesy Wikimedia Foundation
33, 46, 49, 53, 59上, 62, 67下, 69, 77, 91, 109上、下, 119, 139, 161, 166; Andreas F. Borchert: 240; Boston Public Library Tichnor Brothers Collection: 59下; Gilder Lehrman Collection: 80; Internet Archive: 112下, 125; ISA Internationales Stadtbauatelier: 234; Melvin A. Miller of the Argonne National Laboratory: 195; Museum of Innovation and Science, Schenectady, NY: 84; Pearson Scott Foresman: 11; Camilo Sanchez: 226; Southern Methodist University: 79; SpaceX: 223; Tamorlan: 76; Lucas Taylor/CERN: 208

© Yetzer Studio
彩色插页

图书在版编目(CIP)数据

用创新引领世界/(美)约翰·F·瓦西克著;戴吾三,戴晓宁译.—上海:上海科技教育出版社,2022.1

书名原文:Lightning Strikes: Timeless Lessons in Creativity from the Life and Work of Nikola Tesla

ISBN 978-7-5428-7599-0

Ⅰ.①用… Ⅱ.①约… ②戴… ③戴… Ⅲ.①技术革新-科技政策-研究-美国 Ⅳ.①F171.243

中国版本图书馆CIP数据核字(2021)第213038号

责任编辑　殷晓岚
装帧设计　杨　静

YONG CHUANGXIN YINLING SHIJIE
用创新引领世界
约翰·F·瓦西克　著
戴吾三　戴晓宁　译

出版发行　上海科技教育出版社有限公司
　　　　　(上海市闵行区号景路159弄A座8楼　邮政编码201101)

网　　址	www.sste.com　www.ewen.co	
经　　销	各地新华书店	
印　　刷	常熟市文化印刷有限公司	
开　　本	720×1000　1/16	
印　　张	17.5	
插　　页	2	
版　　次	2022年1月第1版	
印　　次	2022年1月第1次印刷	
书　　号	ISBN 978-7-5428-7599-0/N·1134	
图　　字	09-2018-744号	
定　　价	58.00元	

Lightning Strikes:
Timeless Lessons in Creativity from the Life and Work of Nikola Tesla
by
John F. Wasik

Text © 2016 by John F. Wasik
Originally published in the United States in 2016 under the title *Lightning Strikes: Timeless Lessons in Creativity from the Life and Work of Nikola Tesla*
This Chinese edition has been published by arrangement with Sterling Publishing Co., Inc., 1166 Avenue of the Americas, New York, NY, USA, 10036.
Chinese (Simplified Characters) Edition Copyright © 2022
by Shanghai Scientific & Technological Education Publishing House
ALL RIGHTS RESERVED

特色功能

通过此互动内容了解更多关于尼古拉·特斯拉的信息。

1. 下载并启动 Nikola Tesla app。

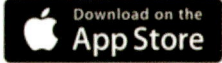

2. 用手机扫一扫以下页面的图像。

注意：保持页面平整且光照良好。

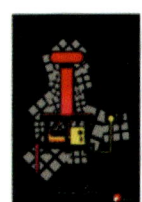

3. 开启 AR 魔力！

互动软件由 Yetzer Studio 开发

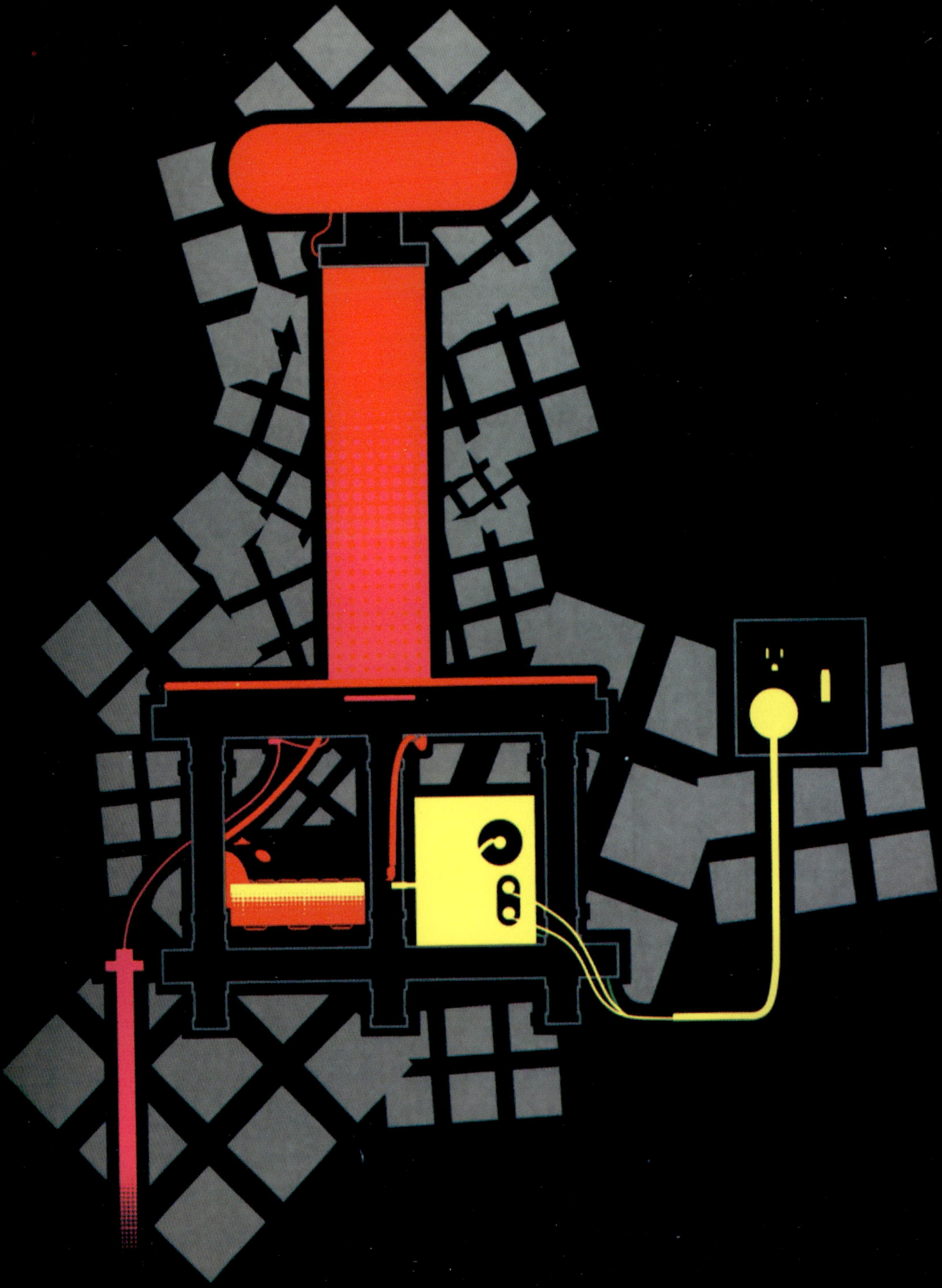

Tesla Coil